为让我和夫人最可爱的小孙子——然子

有机会了解他爷爷的弧理论

特写此卷。

希望他和天下所有的孩子们喜欢。

几何，宇宙之骨。

Geometry, the bones of the universe.

来耶！
把“点”拆开！

Arcman

国际弧学研究院
INTERNATIONAL INSTITUTE OF ARC THEORY

来耶！把“点”拆开！

Arcman 著

国际弧学研究院
International Institute of Arc Theory
California, USA

ISBN（纸本） 979-8-951583-98-7
ISBN（电子） 979-8-951583-99-4

2026 年第 1 版
Printed in the United States of America

Publisher's Cataloging-in-Publication Data
provided by Five Rainbows Cataloging Services

Names: Arcman., author.
Title: Lai Ye! Ba Dian Chai Kai! : 来耶! 把“点”拆开! / Arcman.
Description: Chinese edition. | Ontario, CA : International Institute of Arc Theory, 2026. | Series: Come Up, vol. 1.
Identifiers: ISBN 979-8-951583-98-7 (paperback) | ISBN 979-8-951583-99-4 (ebook)
Subjects: CYAC: Geometry. | Chinese language. | Chinese characters. | Geometry--Juvenile literature. | Science--Juvenile literature. | Mathematics Education. | BISAC: YOUNG ADULT NONFICTION / Mathematics / Geometry. | YOUNG ADULT NONFICTION / Science & Nature / History of Science. | YOUNG ADULT NONFICTION / Philosophy.
Classification: LCC QA445.5 A73 L35 (print) | LCC QA445.5 (ebook) | DDC 516--dc23.

写在前面

这本书写给两种人。

第一种是十来岁到二十岁上下的人。你正在学几何、学物理、学各种从“点”出发的东西。这本书想在你把那一套完全学定型之前，让你有机会了解另一套。

第二种是把这本书买回家的大人。它不是儿童读物，也不打算把谁哄开心。它讲的是真东西，只是尽量讲得让人跟得上。

有一件事我想先说清楚：**这本书不是来推翻课本的。**

课本没有错。人类靠着它造出了桥梁、飞机、卫星和你口袋里的手机。这些成就是真的，一分也不用打折。

这本书说的是另一件事：**路不止一条。**

而且另外那条路，有些地方更近——有些你现在要死记硬背的东西，换一条路看，根本不用背。

还有一件事，是对家长和老师说的。

书里有一些地方，孩子多半读不懂。**这是有意的。**

我不指望他现在就懂。我只希望在某一页上，他的脑子为一件事转悠过——愣了一下神，想了半分钟，然后翻过去了。

那半分钟会留在他身上。

也许很多年以后，他在某个完全不相干的地方卡住了，会忽然想起来：等一下，是不是我一开始就选错了路口？

到那时候，这本书才算真正读完。

最后一句：**看不懂的地方，跳过去也没关系。这本书不考试。**

来耶。

目 录

引言：点，真的存在吗？

一、老师点了一个点

> 一、老师点了一个点　二、六个问题，一条路

几何课的第一天，老师走到黑板前，拿起粉笔，在黑板正中间——

点了一个点。

“这，”老师说，“是点。几何学从这里开始。”

你点了点头，把它记进笔记本。这句话听起来不需要怀疑，全世界的几何课都是这么开头的。

但请你回头看一眼老师刚才画的那个东西。它其实不是点。

粉笔点是有大小的。走近看，它是一小片白；拿放大镜看，它是一堆粉笔灰，边缘毛毛糙糙。它有宽度，有高度，有形状，甚至有重量——你去擦黑板，手指上会沾到它。

而数学书上说的点，是**没有长度、没有宽度、没有高度**的存在。一点尺寸也没有。

所以黑板上那个白色的小东西，只是一个记号。它是用来提醒你“这里有一个点”的路标，它本身并不是点。

真正的点，从来没有人见过。

那真正的点，长什么样？

你可以试着想一想。想象一个东西，它没有大小，没有形状，没有颜色，没有边缘。想象它就待在那儿。

想不出来。

不是你想象力不够。是因为凡是能被想出来的东西，都得有个样子；而一个“没有样子”的东西，脑子里没有地方安放它。你越用力想，越只能想出一个很小很小的圆点——但那又是一个有大小的东西，你又回到了粉笔点。

于是我们碰上了一件很奇怪的事：

几何学的第一步，是一个谁也想象不出来的东西。

更奇怪的还在后面。

课本说，一条线段是由无数个点排成的。可是点没有长度。没有长度的东西，排一万个，总长度是多少？

零加零，加一万次，还是零。

那加无穷多次呢？还是零。无论你加多少次，你手里始终只有零。

可是你面前这条线，明明有长度。三厘米，五厘米，量得出来。

这个长度是从哪儿冒出来的？

同样的话可以换到圆上说一遍。圆是由无数个点围成的，可是点没有形状。一堆没有形状的东西围成一圈，为什么会围出一个形状来？

> **来耶！你来试：**
>
> 拿一支笔，在纸上点一个你能点出的最小的点。换一支更细的笔，再点一个更小的。
>
> 还能更小吗？还能。一直小下去，最后会小成什么？
>
> 注意：小到某个程度，你的笔就不够用了。**但你的脑子还能继续往下小。**
>
> 你脑子里那个“继续往下小”的东西，就是这本书要拆的对象。

这个问题，人类想了几千年。

大多数人选择不想它，日子照过。教科书选择跳过它，把点直接当成不需要解释的起点。老师如果被学生问到，通常会说一句：“这是定义，记住就行。”

这个回答不能算错。一个体系总要从某个地方开始，总得有几样东西是不再往下问的。问题在于：**当你选定了那个“不再往下问”的东西，你后面所有的答案，都被它决定了。**

地基若不平，楼盖得再高也是斜的。而且住在里面的人不会觉得斜——因为整栋楼一起斜。

有一种几何学，不肯把点当成地基。

她不绕开，不搁置，也不说“这是定义”。她把点接过来，拆开，然后告诉你里面是什么。

她的答案只有一个字——

弧。

二、六个问题，一条路

在往下走之前，先说清楚这件事有多大。

它不只是几何课里的一个小疙瘩。

物理学说，物质由粒子构成。粒子在图上画出来，是一个点。天文学说，宇宙起源于一个奇点。奇点也是一个点。地图上标一座城市，用一个点；星图上标一颗恒星，用一个点；原子模型里，电子还是一个点。

你会发现，无论走进哪一间教室，黑板上迟早会出现同一样东西。

整座现代科学的大厦，地基上躺着同一个从来没有被拆开过的点。

它是最基本的吗？还是——它只是**从来没有人拆开过**？

这两句话听起来差不多，其实差得很远。“最基本”是一个结论，“没被拆开过”是一个状态。人类经常把后者当成前者：一样东西久到没人再问，就自动变成了不需要问的。

这本书要做的事很简单：**把那个点，拆开给你看**。

拆开之后你会看到，在“点、线、面、立体”这一套之外，还有另一套看世界的方式。

先把话说明白：**这不是说课本错了**。

课本没有错，而且非常有用。人类靠着这一套造出了桥梁、飞机、电脑、卫星和你口袋里的手机。这些成就是真的，不需要打折。

这本书说的是另一件事：**路不止一条。而且另一条路，有些地方更短更好走。**

是这样吗？给你一个具体的例子，也是我欠你的一张支票。

你背过圆周率吧。3.1415926……背到小数点后第几位?

现在问一个考试不会考的问题：**为什么 π 偏偏是这个值?**

为什么不是 3，不是 3.2，不是 4? 谁定的?

传统数学答得出它是多少，也答得出怎么算——算到小数点后多少位都行。

但**为什么偏偏是这个数**，那套体系不问。π 在那里是给定的，拿来用就行。

而这本书走到第二问的时候，你会看到 π 是**自己长出来的**。它不是被谁规定的一个数字，它是一样东西的形状自己带出来的结果。你不需要背它，因为你知道它长在哪儿。

背，是把东西塞进脑子里，塞进去的会掉出来。懂，是知道它长在哪儿，长着的掉不了。

全书这样的地方有好几处。走到的时候，我会停下来提醒你一句：“看，这里省了力气。”

顺便说说“聪明”这件事，因为它跟这本书的关系比你想的近。

聪明不是记得多。记得多的人考试考得好，这是真的，也很有用，但那是另一种能力。

聪明是：同一件事，你有办法换一个角度重新看一遍。

一个只会一种看法的人，遇到解不开的问题，只能反复用那一种看法去撞。换得了角度的人，手上不止一把钥匙。看见的路多了，做得成的事就多——包括那些别人做不成的事。

这本书不教你答案，答案课本上都有。

这本书教你换角度。

在往下走之前，先说清楚这本书到底在干什么。

我们每天生活在里面的这些东西——桌子、石头、水、空气、树、星星，还有你自己——**都可以看成大自然的孩子**。

我们天天跟这些孩子在一起玩。摸得着，看得见，称得出重量，量得出长短。

可是我们从来没有见过他们的妈妈。

没有人见过“大自然”本身。你见到的每一样东西，都只是她的一个孩子。

那怎么办？

人们就想方设法，从这些孩子身上，去找妈妈可能长什么样。

孩子的眼睛像谁？鼻子像谁？走路的姿势像谁？——**从孩子身上一点一点认，去拼那个从没露面的人。**

这就是几何原理。

而拼的时候，用的是**形状**。

你在孩子们身上认出了圆：满月、水波、瞳孔。认出了直线：光走的路、绷紧的绳。认出了弧：彩虹、拱桥、投出去的球。

这些形状不是人发明的，是从孩子身上认出来的。

然后人们拿这些形状去拼妈妈——**这就是几何**。

孩子是万事万物，形状是几何图形，而拼出来的那个像，就是我们脑子里的宇宙。

接下来是六个问题，一个接着一个，一路往下拆：

第一问，拆到点里面，看见弧。

第二问，拆到弧里面，看见能。

第三问，看见数是从哪儿来的。

第四问，看见宇宙是怎么开始的。

第五问，看见你自己是怎么来的。

第六问，看见这一切能拿来做什么。

六个问题，一条路，一直走到底。

路上会出现一些你没听过的词。请不要急着背。

每一个新词第一次出场，都会先给你一样熟悉的东西作抓手，再给出它精确的意思。抓手是让你站得稳，精确的意思是让你走得远，两样都会给。

还有一件事要先说：**看不懂的地方，跳过去也没关系**。

这本书不考试，也不打算把你训练成谁。它只想在你还没有完全被一套看法定型之前，让你有机会了解另一套。你脑子为这件事确实转悠过，它就已经完成了任务。

来耶！我们把点拆开，看看里面到底是什么。

第一问：点里面有什么？

拆点，见弧

1-1 把点放大一万倍

要拆一样东西，先得有办法看清它。我们用的办法是**放大**。

放大这件事你很熟。手机里的照片，两根手指一撑就变大；再撑，再大。撑到某个程度，画面会开始变成一格一格的小方块——那是像素，照片原本就是由它们拼出来的。

有意思的是：**在你放大之前，那些像素一直都在**。它们没有中途冒出来，只是小到你看不见。放大没有改变照片，只改变了你看得见的尺度。

这就是“拆”的第一层意思：**不是把东西弄碎，是把看不见的层次调到看得见**。

现在我们对“点”做同样的事。放大一倍，十倍，一百倍，一千倍，一万倍，一直放大到能看清它内部的结构。

这里要先挡掉一个误会。

我们要放大的，**不是黑板上那个粉笔点**。粉笔点放大一万倍，你只会看到碳酸钙的颗粒，那是化学问题，不是几何问题。

我们要放大的，是数学书上说的那个点——那个没有尺寸、谁也没见过的点。

它没有尺寸，怎么放大？

用脑子放大。

这不是耍赖。人类看见夸克、看见黑洞、看见宇宙最初三分钟的样子，靠的都不是眼睛。**眼睛能看见的那一段，在整个世界里只是很窄的一条缝**。真正把人类带出这条缝的，一直是推理。

> **来耶！你来试：**
>
> 打开手机相册，随便挑一张照片，用两根手指一直撑大，撑到你看见小方块为止。
>
> 然后回到原来的大小，再看一眼。
>
> 那些方块现在还在吗？在。你看得见吗？看不见。
>
> **“我看不见”和“它不存在”，是同一件事吗？**
>
> 这个问题，是整本书的入场券。

好，放大一万倍。

你看到了什么？

先别急着往下翻。给自己三十秒，认真猜一次。

你猜的那个答案很重要——不是因为它对不对，而是因为**它会告诉你，你现在是用哪一套办法在想问题**。

1-2 三个猜想，都走不通

大多数人的猜测会落在三个答案里。我们一个一个试，试到它们塌掉为止。

猜想一：点里面是更小的点。

这是最顺口的一个。大东西由小东西组成，小东西由更小的东西组成，一层套一层。

那更小的点里面呢？还是更小的点。再里面呢？还是。

问题就在这里：**这条路永远走不到底**。

它每回答一次，就把问题往里推一层，推到第一百层，你依然不知道最里面是什么。

这就像你问“这个盒子里装了什么”，对方说“装了一个小盒子”。你打开小盒子，里面是更小的盒子。开一百次，你手上多了一百个盒子，**关于“装了什么”这个问题，你一个字也没得到**。

一个永远推迟的回答，不是回答。

猜想二：点里面是碎片。

也很顺：东西摔碎会有碎片，点拆开大概也有。

但请你追问一句：碎片是什么形状的？

只要它有形状，它就有大小；有大小的东西，又是由什么构成的？

于是你又得往下拆一次。

这条路不是走不到底，是压根没往前走。它把“点是什么做的”换成了“碎片是什么做的”，问题原样躺在那儿，只是换了个名字。

猜想三：点里面什么都没有。

这是最省事的答案，而且听起来最像标准答案——点没有尺寸嘛，里面当然是空的。

那就回到引言里那个问题：没有长度的东西，排无穷多个，能排出长度吗?

不能。零加零，加多少次都是零。

如果点里面真的什么都没有，那么由点组成的线就该没有长度，由线组成的面就该没有面积，由面组成的立体就该没有体积。顺着推下去，**你手里这本书、你坐的椅子、窗外那棵树，全都不该存在**。

可它们都在。

所以“什么都没有”这个答案，跟你眼前的世界互相矛盾。它在纸面上很干净，一放到现实里就碎了。

三条路，全部堵死。

这时候有两种人。

第一种人继续在这三条路上找，觉得只要再仔细一点、再聪明一点，总能找到出口。

第二种人往回走，回到路口，看看是不是一开始就选错了方向。

第二种人少得多，但科学史上每一次真正的转弯，都是第二种人转出来的。

三条路都走不通，通常不说明你不够努力。它说明的是：

答案不在“点”这个想法里面。

想在“点”里面找到点的内部，就像在一个空盒子里找钥匙——你找得越仔细，越证明它不在那儿。

得换一个想法。

> **小思考：**
>
> 回想一下你解不出来的那些题。
>
> 有多少次，是方法不够熟？
>
> 又有多少次，其实是你一开始就理解错了题目在问什么？

1-3 弧，你天天都见

放大一万倍。

你看到的不是更小的点，不是碎片，也不是虚无。

你看到的，是一条弧。

弧这个东西，你见过，而且天天见。

彩虹是弧。满月的边缘是弧。拱桥的桥洞是弧，碗口是弧，跳绳甩到最高处的那一瞬间是弧，篮球出手后在空中划过的那条线是弧，月牙是弧，撑开的伞面是弧。

如果你留意，会发现一件很有意思的事。

凡是要承重的地方，出现的往往是弧。拱桥、蛋壳、穹顶——它们不用直的，因为弧能把压力顺着自己分散开。

凡是有流动的地方，出现的往往是弧。水流拐弯、气流绕过机翼、鸟改变方向时的那条轨迹。

凡是要跨过去的地方，出现的往往是弧。投篮、跳远、彩虹跨过整片天空。

直线在图纸上很多，在尺子上很多，在人造的东西上很多。但当世界自己动起来、自己承力、自己找路的时候，出来的形状往往是弧。

这不是巧合。第二问会告诉你为什么。

> **来耶！你来试：**
> 明天从家到学校的路上，数五条弧。不许数图纸和人画出来的，要数真实的东西。
> 数完之后，再问自己一句：
> 这些弧一直都在那儿，为什么以前你从没注意过？

不过要说清楚，上面这些都是**日常的弧**。它们有长有短，有胖有瘦，各不相同。

弧几何学说的弧，比它们精确得多：

> **绝对弧 = 1/4 圆周形**。

（**绝对弧**：弧几何学中最基本的那条弧，形状是四分之一个圆周。）

不多，不少，**恰好四分之一个圆**。

拿一个圆，横竖各切一刀，切成四份，取其中一份的那段弯边——那就是绝对弧。

它不是“某一段弯线”，而是一段有严格规矩的弯线。

（见图 1 绝对弧）

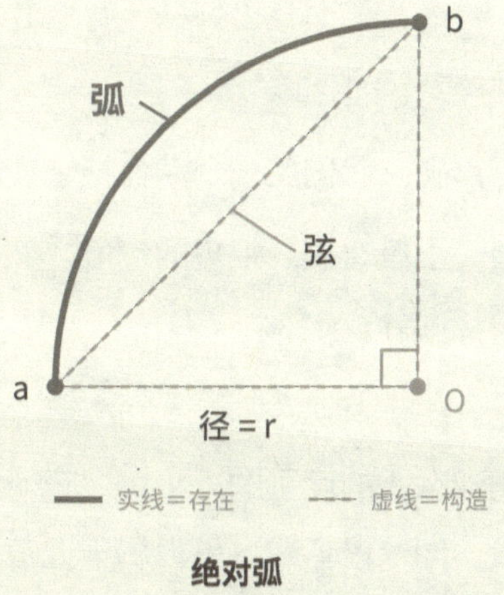

图 1　绝对弧

这时候你应该立刻产生一个疑问，而且这个疑问越强越好：

为什么偏偏是四分之一？

不是三分之一，不是五分之一，不是二分之一？这个“恰好”，是谁挑的？

如果答案是“有人挑的”，那弧几何学也不过是又一套人为规定，跟它反对的东西没有区别。

所以这个问题必须回答，而且必须答得干净。

1-4 为什么偏偏是四分之一？

答案是：**没有人挑**。

是四分之一自己站得住，别的站不住。

弧几何学给它一个名字，叫**最小自洽单元**。

（**自洽**：自己就能说明自己，不必依靠外面的东西来确定自己是什么。）

“自洽”这个词有点硬，我们用一个动作把它变软。

请你在纸上随手画一小段弯线，很短的一段。然后我问你：**这一段，是多大的圆的一部分？**

你答不上来。

它可能是一个操场那么大的圆上的一小段，也可能是一枚硬币那么小的圆上的一大段。同一段弯线，可以属于无数个不同的圆。

它自己说不清自己是谁。它必须等你告诉它属于哪个圆，它才有身份。

这样的东西，不能当地基。地基不能是一个需要别人来解释的东西。

现在换成四分之一圆周。

我把一个完整的四分之一圆周交到你手上。你立刻就能知道：整个圆有多大，两端之间隔多远，它弯的程度是多少，圆心该在哪里。

它自己带着自己的全部信息。

不用问别人，不用查资料，不用等谁来指认。你拿到它的那一刻，所有的量都已经定死了。

这就叫自洽。

> **来耶！你来试：**
>
> 在纸上画一小段很短的弯线，拿去问同学："这是多大的圆的一部分？"
>
> 看他怎么答，多半会先愣一下。
>
> 然后画一个规规矩矩的四分之一圆，再问一次同一个问题。
>
> 两次的差别，就是"自洽"两个字的全部意思。

那为什么恰好是四分之一，多一点少一点都不行？

弧几何学说，绝对弧必须同时具备三样东西：

曲率。它是弯的。直的东西没有内部张力，也生不出方向的变化。

张力。两端之间隔着距离，中间绷着。没有张力就没有"要往哪里去"这回事。

方向。从一端到另一端，有一个明确的走向。

三样缺一不可。三样一起成立的最小份额，就是四分之一。

少于四分之一，张力不足以自洽。像一张弓只拉开一点点，那不叫拉满，那只是一根有点弯的木头。

多于四分之一，就已经是绝对弧的派生了。多出来的部分不是新东西，是从绝对弧长出来的东西。派生物可以很有用，但它不能当地基——你不能拿孙子去解释爷爷。

所以四分之一是那个刚刚好的位置：**再少一点站不住，再多一点就不是最基本的了**。

这个“刚刚好”，不是被挑出来的。**它是自己在那儿的**。

最后说一句老实话。

这一节让你**看见**四分之一为什么站得住，**没有给你证明**。

严格的证明在弧学技术卷里，那里有公式、有推导、有一步不许跳的规矩。

这本书的规矩是另一条：只推到看得见为止。看见了，你才知道值不值得去看那些公式。

1-5 径和弦，绝对弧的正面和反面

绝对弧上有两样东西，要专门认识。它们两个撑起了这本书后面的全部内容。

第一样叫径。

径就是半径——从圆心到弧端点的那段距离。

在弧几何学里，**径对应时间**。它是**矢量**，也就是有方向的量。

第二样叫弦。

弦是弧的两个端点之间连起来的那条直线。

在弧几何学里，**弦对应空间**。它是**标量**，也就是只有大小、没有方向的量。

现在你先不用管为什么径是时间、弦是空间——那要到第四问才说得清。现在只要认住两个形状：**径是从中心射出去的那条，弦是把两头连起来的那条**。

（见图 1 绝对弧：粗实线是弧，虚线是径和弦）

它们之间有一个固定的比例。

如果径的长度定为 1，弦的长度就是 1.414 左右，也就是根号2。

反过来，如果弦定为 1，径就是 0.707 左右，也就是 1 除以根号 2。

这个比例，弧几何学写作 **径比弦等于 1 比根号2**。

它是从哪儿算出来的？不需要算。绝对弧是四分之一圆周，径和弦正好构成一个等腰直角三角形的两条腰和一条斜边——比例是这个形状自己带来的，不是外面塞进来的。

比数字更要紧的是下面这句话：

> **径定则弦定，弦定则径定。**

你定下其中一个，另一个立刻就被定死，没有任何自由。

它们**互相定义**，谁也离不开谁。

“互相定义”这四个字，比看上去重得多，值得停一下。

我们平时用的定义几乎都是**单向**的。先有妈妈，才有女儿；先有原因，才有结果；先有种子，才有花。总是一个在前，一个在后。

径和弦不是这样。

不是先有径，再算出弦；也不是先有弦，再倒推出径。它们**同时成立，谁也不比谁早一刹那**。

这就像一张纸的正面和反面。你没有办法先做出正面，休息一下，明天再补一个反面。纸一出现，两面就同时出现；你想把其中一面单独拿走，纸就不存在了。

径与弦，就是绝对弧的正面和反面。

记住这个“同时成立”。第三问会拿它做一件很大的事——它会让你重新想一遍 1+1 到底等于几。

1-6 根号2 不是一个要背的数

顺着上一节，说一件跟你数学课直接有关的事。

刚才出现的　1.414，写成符号是**根号2**。老师大概讲过，它是无理数：小数点后面永远排不完，也永远不重复。

1.41421356237……一直下去，没有尽头。

关于这个数，历史上有一个著名的故事。

古希腊有一派人相信，世界上所有的数都可以写成两个整数相除。这在当时不只是数学观点，几乎是一种信仰——它意味着世界是整齐的、可以被人完全掌握的。

后来有人证明了根号2　写不成那种形式。传说这个人被同门扔进了海里。

为什么一个数会让人这么害怕?

因为如果有些数写不完、也写不成分数，那就意味着——**数不完全归人管**。有些东西不服从人的安排，它们自己是什么样，就是什么样。

对一个相信“世界应该整齐”的人来说，这比任何坏消息都严重。

但是在弧几何学里，根号2一点也不吓人。

它就是**绝对弧的径和弦之间天生的比例**。

它写不完，不是因为它顽固，也不是因为宇宙在为难人类。

是因为它根本不是“写”出来的。它是一条弧长什么样。

一条弧的形状，本来就不需要通过小数点来存在。你要求它变成一串写得完的数字，那是你在用一把不合适的尺子量它，量不尽是尺子的事，不是弧的事。

看，这里省了力气。

如果根号2　在你脑子里是“一个要记住的怪数字”，那它随时会掉。如果它是“绝对弧的正面和反面之间的关系”，它就掉不了——因为它有地方长着。

1-7 圆规的针眼去哪了？

现在应该有人举手了。而且这个问题不举手也得回答。

刚才说，“径是从圆心量出来的”。

圆心——那不还是一个点吗？

你说点不是最基本的，可你的绝对弧还得靠一个点才画得出来。这不是自己拆自己的台吗？

这个问题问得非常好。它是整个第一问里最锋利的一刀，而弧几何学的回答，恰好是最漂亮的一处。

先想想圆规。

你用圆规画圆的时候，尖的那头扎在纸上，铅笔那头转一圈。

画完了，把圆规拿开。**纸上留下的是什么？**

一个圆。

那个针扎出来的小洞呢？它是这个圆的一部分吗？

不是。它只是画的时候借用的一个位置，画完就没有用了。你甚至可以把纸翻过来，从背面看，圆还是完整的圆，谁也不会觉得少了什么。

圆心，就是那个针眼。

> **来耶！你来试：**
>
> 用圆规画一个圆。画完之后，拿橡皮把中间的针眼和周围的痕迹都擦干净。
>
> 圆还在吗？在，而且一点没少。
>
> 现在你可以自己回答了：**圆心，到底是不是这个圆的一部分？**

把这件事说精确一点：

圆心不在弧上。

弧上的每一个位置，都在弧上。圆心不在——它在弧的外面，而且离弧还有一整个半径那么远。

它不是一样**存在的东西**，它是一样**为了作图而设的东西**。

弧几何学有一条很好记的规矩：

> **实线是存在，虚线是构造。**

（**构造**：为了做事临时设立的东西，不是本来就在那儿的存在。）

所以在弧学的图上，**弧永远画成实线**；**圆心、径、弦，全部画成虚线**。一眼就能看出谁是真的在那儿，谁是我们请来帮忙的。

你回头看图 1，会发现这条规矩从第一张图就开始执行了。

于是顺序被翻了过来：

不是我们用点画出了弧。

是先有弧，我们才反过来定出那个点应该在哪里。

针眼是为了画弧才扎下去的。不是先有针眼，弧才肯出现。

这个翻转很重要，因为它示范了这本书的基本动作：**当一样东西看起来是前提的时候，先问一句，它是真的在前面，还是只是我们习惯先写它。**

1-8 直线和圆，都是弧的后代

再看两样你极熟的东西：直线，和圆。

先说直线。

> **来耶！你来试：**
>
> 拿起笔，徒手画一条绝对笔直的线。不能抖，不能弯，一丝一毫都不许歪。
>
> 做得到吗?

做不到。手再稳，画出来的线总有极细微的弯。

有人会说这是手的问题，那我们把工具升级。用尺子？尺子的边缘在显微镜下也是弯的。用绷紧的线？线会因为自身重量下垂。用激光？激光穿过引力场也会偏折。

工具一路升级，绝对的直线一次也没出现。

弧几何学的说法是：

直线是弧的曲率趋向于零时的极限状态。

现实中不存在绝对直线，因为现实中的一切都带着弧的痕迹。你画出来的每一条“直线”，其实都是一条弯得非常轻微的弧。

所以直线不是弧的地基，直线是弧躺平以后的样子。弧比直线更原始。

再说圆。

圆也不是起点。但它是怎么来的，得说准确——**它不是把四段弧首尾拼起来拼出来的。**

弧几何学只有一条造法，叫**弧合**（第四问 4-8 会细讲：一样东西和自己的镜像合上）。

这条造法一级一级往上走，每一级都是**上一级的两个弧合**：

> **绝对弧 弧合 绝对弧 = 弧线**
>
> **弧线 弧合 弧线 = 弧面**
>
> **弧面 弧合 弧面 = 弧子**

两个四分之一圆合上，是半个圆——那就是**弧线**。

两个半圆合上，是一个整圆——那就是**弧面**。

两个弧面合上，就长出了第三维——那就是**弧子**。

（见图 2：弧合的阶梯）这三级排在一起看，你会发现它们其实是同一个动作做了三遍。

这三行看起来是三条规矩，其实不是。

只有一个动作，做了三遍。

那个动作就是弧合。第一遍做出弧线，第二遍做出弧面，第三遍做出弧子。**不是三种造法，是同一支笔落了三次。**

请注意这一路上的数：**一个、两个、四个、八个。**

每上一级，翻一倍，一次也不多，一次也不少。

这不是巧合。第四问你会看到，它有名字，叫**刘瑾通则**——弧几何学里唯一的那条折叠规矩。

所以圆是弧合出来的，不是拼出来的。弧比圆更原始。

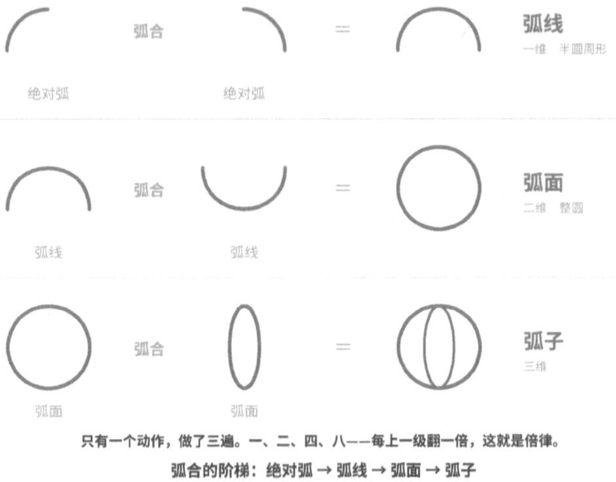

图 2　弧合的阶梯

这里要小心一个容易滑过去的地方。

“更原始”和“更简单”不是一回事。

点比弧简单得多——它简单到什么都没有。直线也比弧简单，一根笔直的东西，没什么可说的。

但简单的东西未必是原始的。

零很简单，可是零里面长不出东西来。真正的源头往往不是最简单的那个，而是**最先能自己站住的那个**。

绝对弧不算简单：它有曲率、有张力、有方向，还带着一个写不完的比例。可它站得住，而且它一站住，直线、圆、点全都能从它那儿推出来。

这就是“原始”的意思。

1-9 课本从点开始，弧学从弧开始

现在把整件事排成一张表，你会看到一个很清楚的画面。

课本上的顺序是这样的：

点 → 线 → 面 → 立体。

先有点，点动成线，线动成面，面动成体。一层一层往上搭，像搭积木。

弧几何学的顺序，是另一套：

绝对弧 → 弧线 → 弧面 → 弧子。

（见图 3 弧形式与时空形式的三维比较）

图注：**弧线**是半个圆周，也叫**绝对弧线**；**弧面**是一个整圆；**弧子**是再往外长一维的样子。本书只讲到弧线，弧面和弧子留给后面的书。

顺带看一眼最左边那一列：**0 维、一维、二维、三维**——两边爬的是同一道梯子，一级不多，一级不少。

而弧这一列往上爬的方式，你在上一节已经见过了：**每一级都是上一级的两个弧合。**

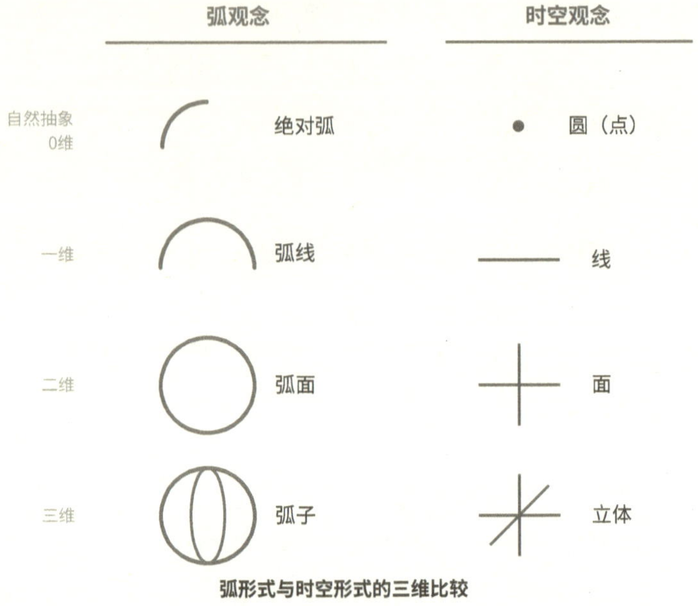

图 3　弧形式与时空形式的三维比较

请你把这张表左右对着看几秒钟。

右边那一列，你从小学到中学一路都在学，熟得不能再熟。

左边那一列，同样是四层，同样一层一层往上长——**但起点完全不同**。

课本的起点是点：一个没有大小、想象不出来的东西。

弧学的起点是绝对弧：一个有曲率、有张力、有方向、自己站得住的东西。

两套都能往上搭，都能搭到三维。**差别不在盖法，在地基**。

这里要说一句大话，但它是真的。

几何不是用来描述宇宙的工具。几何是宇宙的骨架。

一副骨架长成什么样，撑起来的身体就长成什么样。狗的骨架撑不出一只鸟，鸟的骨架也撑不出一条鱼。

几何也一样：不同的骨架，撑起不同的宇宙。

右边那一列的骨架是点。从点出发，你会得到一个由无数个“没有大小的东西”堆起来的世界——那正是你在物理课上学到的样子。

左边那一列的骨架是弧。从弧出发，你会得到一个由曲率、张力、方向长出来的世界。

两个世界不是同一个世界的两种画法。它们是被两副骨架撑起来的两种样子。

宇宙之形，源于其骨。

这就是这本书说的“换一个角度”，它具体到可以画成一张表。

你不需要扔掉右边那一列。它有用，你还要考试，而且它造出来的东西你天天在用。

你只需要知道：旁边还有一列。

知道旁边还有一列的人，和以为只有一列的人，看到的世界不一样大。前者遇到走不通的地方，会想到换一边试试；后者只会觉得是自己太笨。

> **小思考：**
>
> 图 3 的左右两列，如果都对，它们是什么关系？
>
> 是两张地图画的是同一个地方吗？
>
> 还是——有一张画的是地方，另一张画的是那个地方的照片？
>
> 这个问题的答案在后记。你现在猜一个，读到后记时回来对一下。

1-10 视盘法则

上一节那两列，你可能会问一个很自然的问题：

既然两列都对，为什么人偏偏只走了右边那一列几千年？

答案不在几何里，在**看的人**身上。

先去一趟音乐厅。

台上在演一首交响曲，台下坐满了人。

听众听的是什么？首先是曲子——主题怎么出来，怎么变，怎么绕回来。然后才是演奏者的手艺：这一段拉得好不好。

演奏者呢？他不管这些。他只管把自己那一份卖力演出来。

两边听到的是同一场音乐会，但**听到的东西不是同一样**。

弧几何学给这两个位置起了名字：

> **局外人**——站在这一段之外看它，所以看得见它的形状。
>
> **连体人**——在这一段之内随它走，所以知道它的滋味。

（**局**：一整套被想出来、搭起来、并且一直在被经营的东西。

它有两面。一面是**结构**——有起有落，有内在秩序，这一面是客观的，不由谁说了算。另一面是**有人在做这个局**——是谁把这些东西组合到一起，又一路带着它走，这一面是主观的。

做局做到最好，是把自己的意思化进结构里，顺着它本来的劲儿去带它。你听不出作曲家在哪儿使劲，可整首曲子就是往他要的地方去了。

一首曲子是一个局，一节课是一个局，一个宇宙也是一个局。）

听众是局外人，演奏者是连体人，乐章就是那个局。

这里最容易读岔，先挡住：**这不是两种人，是两个位置。**

同一个人，今晚坐台下，明晚站台上。**位置随时可以换，而且哪一边都不比另一边高明。**

听众说得出这一段的结构，演奏者说得出这一段是什么滋味。**两样都真，谁也代替不了谁。**

还有一层差别更深。

散场之后，听众回家吃饭，那场音乐会跟他就没关系了。

演奏者不一样。曲子停下来的那一刻，“那个演奏的人”也就不在了。

他不是在参加这一段——**他就是这一段。**

而“取舍”两个字的意思是：**你同一时刻只能占一个位置**。你不能一边在台上拉琴，一边坐在台下听整个厅里的效果。

为什么只能占一个？

因为人本来就看不全。

现在做一件事：伸直手臂，竖起大拇指。

> **来耶！你来试：**
>
> 伸直手臂，竖起大拇指。**指甲盖那么大——你眼睛里真正看得清的，就这么大一块**。
>
> 不信？盯住这一页的某一个字，眼睛别动，试着读它旁边第五个字。
>
> 读不出来。它一直在那儿，你也一直“看着”它。

眼睛里那一小块看得最清的地方，医学上叫**黄斑**。

其余全是余光——看得见有东西，看不清是什么。

这不是缺陷，是代价。看得越准的地方，管的范围就越窄。清晰不是白来的，**是拿视野换的**。

余光还好办：**眼睛一移就过去了**。它只是“还没看”，不是“看不见”。

但眼睛里还有另一块，移不过去。

紧挨着黄斑的旁边，有一个地方**一根感光细胞也没有**。因为所有的视神经都从那里集成一束，穿出眼球——**那是“看”往外走的通道口**。

这个地方，医学上叫**视盘**。

（**视盘**：解剖学上也称视乳头、视神经盘，英文 Optic Disc。视网膜的神经纤维在此汇聚，

垂直穿过脉络膜与巩膜，形成视神经。**该处没有感光细胞，故在视野中对应生理盲点**。）

通道所在的地方，看不见。

> **来耶！你来试：**
>
> 拿一张纸，左边画一个点，右边画一个叉，隔开约十厘米。
>
> 闭上左眼，右眼盯住那个**点**，把纸慢慢前后移动。
>
> 移到某个距离——**叉不见了**。
>
> 它没被挡住，也没被擦掉。**是你眼睛里本来就有一个洞，而你从来不知道**。

请注意最后那半句，它才是这一节的分量所在。

你从来不知道。

那个洞不是黑的。你朝那边看过去，看见的是一片完整——因为大脑会拿旁边的颜色和纹理，**把它补得天衣无缝**。

你不是看见了一个洞。你是看见了一片假的完整。

所以这块地方和余光完全不同：余光是“我知道我没看清”，**这里是“我连有那么一块都不知道”**。

弧几何学给它一个名字：**绝对盲区**。

（**绝对盲区**：因构造而永远看不见，且**不能靠自己挪动或努力消除**的那一块。）

那这块地方就永远没人看得见了吗?

你看不见，别人看得见。

眼科医生拿灯照进你的眼底，那一块清清楚楚，一直都在。

要看见自己的绝对盲区，只能借一双不是自己的眼睛。没有第二条路。

这句话看着像在劝人虚心，其实不是劝——**是构造摆在那儿。**

两个人面对面坐着：每人眼里都有一个洞，每人都看不见自己那个，**但每人都看得见对方那个。**

有件事必须说在这里，否则这一节会被读歪。

这条法则也管这本书。

弧几何学是一种看法。一种看法就是一只眼睛，一只眼睛就带着它自己那一处。

这本书不是站在所有看法之外的裁判。它也是一片有盲区的看法。

课本那一列也是。它看不清的地方，弧学替它看见了；而弧学看不清的地方，也得由别人来看。

两边不是谁高谁低，是互为对方的眼睛。

现在可以把这一节收起来了。弧几何学把上面这一整件事，压成八个字：

> **理性之眼，盲若视盘。**

意思是：**看得最准的那一小块，正是看得最窄的那一小块；而旁边那个洞，你一辈子看不见——你只看见大脑替你补上的那一片完整。**

它说的不是某个人不够细心。**它说的是“看”这件事本身长这样。**

为什么非有这一块不可？

因为神经必须从某个地方穿出去。

要能看，就得有一条把“看到的东西”送出去的路；而那条路占着的位置，自己就看不见了。

看得见，是拿这一块换来的。

同样的话，换到理性上：

理性能照亮它面前的一切。它唯独照不见一样东西——**它自己。**

因为要“照”，就得有照的和被照的两头。**而这两头一旦是同一个，这个动作就落不下去。**

刀切不了自己的刃。尺量不了自己的长。秤称不了自己的重。

不是不够锋利，不够精确。是这件事本身不成立。

所以更准确的说法不是“理性有一个盲区”，而是——

理性就是理性自己的盲区。

最后要划一道边界，这一条很要紧。

视盘法则管的是你的眼睛，不是宇宙的骨头。

前面九节讲的是弧本身——绝对弧是不是四分之一圆周，直线是不是弧的退化。**那些跟你同不同意没有关系**。

这一节讲的是**你站在哪里看**。它属于另一层，两层不能混。

回到最开始那个问题：为什么人几千年只走了右边那一列？

因为**你只能占一个位置，而且你看不见自己没看见的东西**。

选定了一个锚点，从此看见的世界就是那个锚点能看见的世界——**而它漏掉的那部分，不会举手告诉你它漏掉了**。

这就是这本书打算干的事：带你到另一个位置上坐一会儿。

不是说右边那一列不好。**是说你还没在左边坐过**。

换句话说——

那一列一直都在。它不是今天才有的。你上了这么多年学，读了那么多本书，问过那么多问题，**它一次也没有出现过**。

不是你笨，也不是有人瞒着你。

是它一直落在那一处，而你看过去，是一片完整。

这本书能替你做的，就是**把它挪出来一次**。

挪出来之后看不看得懂，是另一回事。但你至少知道了——

那儿有东西。

> **小思考：**
>
> 你可以坐在台下，也可以上台去拉琴。
>
> 要紧的不是哪一种对——
>
> **是你知不知道自己现在在哪儿。**

第一问的回答

> **点里面有什么？**
>
> 弧。
>
> 准确地说，是被压缩到极限的**绝对弧**——四分之一圆周形，有径，有弦，有曲率，有张力，有方向。
>
> 我们以为的“点”，是这条弧压到看不出形状时留下的印象。
>
> 点不是几何世界的原子。**绝对弧才是。**

带得走的一句话

> **点不是几何世界的原子，绝对弧才是。**

这一句记住就够了。别的忘掉也没关系——将来某一天你重新想起这句话，整个第一问会自己回来。

弧在点里面，这一步走完了。

但下一步更难，而且必须问：

弧，自己又是从哪里来的？

如果弧也是别的东西造出来的，那它就不是地基，只是半路上的一层楼。

第二问：点是用什么做的？

拆点，见能

2-1 弧又是从哪来的？

第一问我们把点拆开了，里面是弧。

现在有一个问题必须马上问，而且必须由你自己问出口：

那弧又是从哪儿来的？

这个问题不是抬杠。如果弧也是别的东西造出来的，那弧就不是源头，只是半路上的一站。我们费了那么大劲把点拆开，结果只是从一层假地基搬到了另一层假地基。

所以这一问要认真答。我们先试三个最顺口的回答，看看它们能不能站住。

回答一：弧是画出来的。

拿圆规一转，弧就有了。

问题在于，你画出来的是**弧的样子**，不是弧本身。就像你画一只猫，画得再逼真，那也是纸上的墨，不是猫。

再往下问一句就更清楚了：黑板擦掉之后，弧还在不在？

在。否则每擦一次黑板，世界上的弧就要少一条，彩虹和拱桥都得跟着少一点。显然不是这样。

画，只是把它显示出来，不是把它造出来。

回答二：弧是数学定义出来的。

书上写着“弧是圆周的一部分”，所以弧就是这么来的。

但定义只是**说明**，不是**来源**。

字典里写着“太阳是恒星”。太阳是被字典造出来的吗？当然不是。字典晚了四十六亿年才出现，它只是在太阳已经烧了很久之后，给它安了一个称呼。

定义永远在后面，东西永远在前面。把定义当成来源，是把说明书当成了机器。

回答三：弧就是自然界本来就有的形状。

这个回答最接近，但它其实没有回答问题，只是把问题换了一身衣服。

为什么自然界会有这个形状？

彩虹、月亮、拱桥、水波、鸟飞过的轨迹——它们为什么不约而同地选了弧，而不是别的？总得有个缘故。

三个回答，都只走到半路。

弧几何学的回答，是三个字：

> **自然能。**

这三个字看起来平常，但接下来你会发现，它跟你物理课上学的那个“能”，几乎是两样东西。

2-2 能量不是能

先从你熟的说起。

物理课讲过动能、势能、热能、电能、光能、化学能。这些东西统称**能量**。能量可以测量，有单位，会守恒，能从一种形式变成另一种。

拿电池给手机充电，是化学能变成电能；太阳晒在身上发暖，是光能变成热能。这些你都懂，而且都对。

现在请你读一句话，慢一点：

> **能量不是能。**

（**能**，也叫**自然能**：弧几何学中的专有名词，与物理课上的“能量”不是同一样东西。）

这是整本书最容易读错的一句。为了把它说清楚，我们用两个画面。

第一个画面：波浪和水。

海面上有浪。浪有多高，你能量；浪打过来，你能感觉到力气；浪甚至能掀翻一条船。它显然“是个东西”。

那么请你回答：**浪是什么做的？**

是水。

再问一句：你能不能把“浪”单独捞出来，装进桶里拎回家？

不能。你捞上来的只会是水。桶里晃的那点水花，是新的浪，不是刚才那一道。

所以浪不是一样可以被拿走的东西。**浪是水在动的那个样子。**

第二个画面：手和影子。

把手举到灯前，墙上出现一个手影。影子有形状，会动，会随着你走近灯而变大。你可以拿尺子量它有多长，量得清清楚楚。

但影子不是手。

关掉灯，影子没了。手呢？手还在，一根手指也没少。

两个画面说的是同一件事：

能量是显现，能是本身。

浪是水的显现，影子是手的显现，**能量是能的显现。**

弧几何学的精确说法是：能量是能的**关系化显现**——能与能之间发生了关系，显现出来的那个样子，就叫能量。

这句话里最要紧的是“关系”两个字。没有关系，就没有显现。水不动，就没有浪；灯不亮，就没有影子。**但水一直在，手一直在。**

> **来耶！你来试：**
>
> 晚上开一盏灯，把手举起来，看墙上的影子。动动手指，影子跟着动。
>
> 现在问自己三个问题：影子有重量吗？影子会累吗？影子饿不饿？
>
> 你刚才一直盯着看的，究竟是影子，还是手？

2-3 能，不能问“有多少”

能和能量之间，还有一条更硬的分界线。这一条一说你就明白。

能量，永远可以问它“有多少”。

这块电池有多少电？五千毫安时。这碗饭有多少热量？两百大卡。跑一百米用掉多少能量？算得出来。

只要是能量，“多少”这个问题总是问得出口，而且总有答案。

但是能，不能这么问。

你不能问“自然能有多少”。这个问题问不成立。

为什么不成立？因为“多少”这两个字背后，藏着三样东西：

第一，一把尺子。你得有个工具去量。

第二，一个基准。你得先约定“一”有多大，不然量出来的数字没有意义。

第三，一个可以比的对象。多，是比谁多；少，是比谁少。没有参照，多少就无从说起。

这三样必须先到位，“多少”才问得出口。

而在能的那一层——**尺子还没有出生，基准还没有出生，可以拿来比的东西也还没有出生**。它们全都是后来才有的。

所以在能那一层问“多少”，等于举起一把还没被造出来的尺，去量一样东西。不是量不准，是这个动作本身不成立。

弧几何学的说法是：

> **能不是量，能是本。**

（**本**：本身，最根子上的那样东西。）

这条分界线有一个后果，值得你现在就知道。

凡是能被测量的，都已经不是最根子上的那一层了。

测量需要仪器，仪器工作在能量那一层。所以仪器再精密，它能碰到的最深处，也就是能量。

这不是仪器不好，是位置决定的。**站在下游的人，舀不到上游的源头。**

2-4 看不见，不等于不存在

那自然能到底长什么样？能看见吗？能摸到吗？

弧几何学的回答是一句古语：

> **无可视见，无可触抚。可感知而难于求得。**

看不见，摸不着。能感觉到，但抓不住。

这句话读起来有点玄，其实它非常克制——它没有说自然能神秘，只是老老实实交代了它在哪一层。看不见摸不着，是因为看和摸都是比较层的动作。

真正要紧的是后半句，请把它单独拎出来：

看不见，不等于不存在。

风你看得见吗？看不见。你看见的是树叶在动、旗子在飘、头发被吹乱。你从来没有见过风本身，一次也没有。

但没有人会说风不存在。

再想一想：你说得出你今天有多开心吗？用一个数字。说不出来。可是你心里清清楚楚知道今天开不开心。

感知和测量，是两回事。

测量要靠仪器，靠单位，靠比较。感知不用——它更直接，也更早。

一个只承认“测得到才算存在”的人，会活在一个比真实世界小很多的世界里。他不是更严谨，他只是把窗户关小了。

> **小思考：**
>
> 你怎么知道你身边的人是喜欢你的？
>
> 有仪器吗？有单位吗？有数字吗？
>
> 都没有。那你为什么那么确定？

2-5 三层：绝对层、相对层、衍生层

现在我们把顺序排出来。弧几何学说，一共有三层。

注意这里说的是**“层”**，不是“楼”。楼的地基在最下面，而这三层正好相反——**源头在最上面，一层一层往下派生。**

```
能（自然能）      绝对层
        ↓  非对称弧合
  能量            相对层
        ↓  凝结
  物质            衍生层
```

最上面是能，叫绝对层。一切的源头。

中间是能量，叫相对层。能与能发生关系之后显现出来的样子。

最下面是物质，叫衍生层。能量凝结起来，变成看得见摸得着的东西——石头、水、空气、桌子，还有你的身体。

弧几何学的说法是：

> **能在先，能量在中，物质在后。**

（见图 4：三层**——绝对层 · 相对层 · 衍生层）**

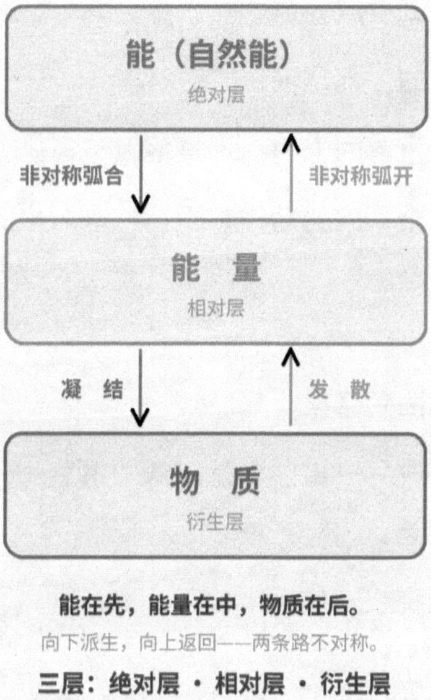

图 4 三层：绝对层 · 相对层 · 衍生层

想一想一片水面。

它本来是平的。

平是什么意思？**处处一样**。没有高，没有低，哪一处和哪一处都没有分别。

现在起了一道浪。

浪一涌起来，水面就有了高低——这里高，那里低。**分别出现了**。

那浪会不会退？

会。它会**复平**，重新变回一片平静的水面。

但请你把下面这件事看清楚，它是这一整节的关键：

复平，不是把涌浪倒着放一遍。

浪是从底下顶上来的，那是**涌**。

平是靠水自身的重量落回去的，那是**落**。

涌和落，是两个完全不同的动作。同一片水，来的时候走一条路，回的时候走另一条路。

而且更要紧的是**它回到哪里**。

浪退下去，不是变成另一道浪。**是回到“平”——回到那个处处一样、没有分别的状态。**

弧几何学把这件事说成一句话：

> **非对称，返回对称。**

（**非对称**：有了高低、有了分别的状态。**对称**：处处一样、没有分别的状态。）

请记住“平”这个字。第四问讲宇宙开始之前是什么样子的时候，你还会遇到它——那时候它叫另外一个名字。

2-6 下来的路和回去的路，不是同一条

读到这里，学过一点物理的人应该要举手了：

老师说过，物质和能量可以互相转化啊。

说得对，而且完全正确。物质可以变成能量，能量可以变成物质——核反应就是这么回事，太阳每一秒都在做这件事。

弧几何学不否认这个。它只是把这件事说得更细。

三层之间，**每一对都有两条路**：一条往下，一条往上。

从能到能量，往下的那条叫「非对称弧合」。

从能量回到能，往上的那条叫「非对称弧开」。

从能量到物质，往下的那条叫「凝结」。

从物质回到能量，往上的那条叫「发散」。

（见图 4）

要紧的是那三个字：**非对称**。

它的意思不是“不能回去”，而是——

> **回去的那条路，和下来的那条路，不是同一条。**

不是把录像倒着放一遍。

下来是弧合，回去是弧开；下来是凝结，回去是发散。名字不同，方式不同，走的也不是同一条道。

就像上一节那盆水：**涌是从底下顶上来的，平是靠自己的重量落回去的**。同一片水，两个动作。

还有更要紧的一层。回去，不是回到“另一道浪”——

> **非对称，返回对称。**

往下走，是差别一层层加上去；往回走，是差别一层层脱下来。

终点不是另一个有差别的地方，是那个处处一样、没有分别的源头。

所以下面这两句话，请你分清楚：

“能量和物质可以互变”——对。这是往下和往上都通。

“把石头倒推一遍就能变回能”——不对。那是把回去的路，当成了来时那条路倒着走。

这就带出弧几何学和你的课本之间，最大的一处分工。

课本讲的是下面两层——能量和物质。它把这两层讲得极好，好到能把探测器送出太阳系。

弧几何学从最上面那一层讲起。

这不是说课本讲错了。是课本没讲绝对层——因为在课本那套办法里，那一层量不到（上一节说过为什么）。

一套只承认可测量之物的方法，遇到不可测量的那一层，唯一诚实的做法就是不说话。课本很诚实。

但“不说话”不等于“不存在”。

来耶！你来试：

端一盆水，等它完全静下来，静到像一面镜子。

用一根手指往中间轻轻按一下，再拿开。

看着它：涌起来，晃几下，慢慢平回去。

现在问自己两个问题——

它平回去的那一下，是把刚才涌起来的动作倒着放了一遍吗？

它最后回到的，是“另一道浪”，还是“平”？

2-7 成绩单不是你

上面那三层里，最上面的两层有一个总名字，叫**源层**。

（**源层**：存在本身的层级。源，就是源头。）

能是**绝对源层**，能量是**相对源层**。

那第三层——物质呢？

物质不在源层里面。它属于另一层，叫**比较层**。

（**比较层**：读数的层级，也是传统科学工作的地方。）

（见图 5：源层与比较层）

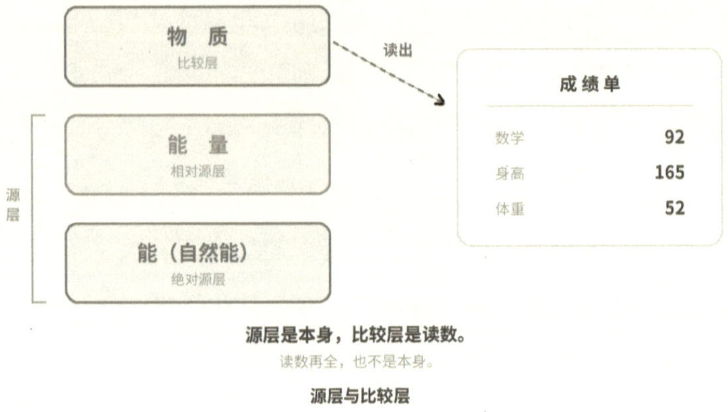

图 5 源层与比较层

这一点值得停一下。

你手能摸到的、眼睛能看见的、仪器能量到的东西，全都在物质这一层。

也就是说：你摸得到的那一层，已经不是源头了。

课本上读到的那些数字——温度多少度，质量多少克，光速每秒多少公里——全都是从这一层读出来的。

这两个词有点抽象，我们换一样你很熟的东西：**成绩单**。

成绩单上写着：数学 92 分。

这个 92 是真的吗？是真的，不是假的，也不是随便写的，而且很有用——它能帮老师和你判断哪里还没学扎实。

但是 92 分是你吗？

不是。它是把你在某一天、某一张卷子上的表现，压缩成了一个数字。换一张卷子，数字会变；换一种评分方式，数字也会变；那天你如果没感冒，数字还会变。

你没有变，数字变了。

你在源层，92 分在比较层。

体检报告也一样。身高、体重、血型、心率、视力——每一个数字都准确。但把这些数字全部加起来，就是你了吗？

一个人把你的体检报告从头读到尾，他认识你了吗？

他知道了很多关于你的事，却一件也不知道你是谁。

读数再全，也不是本身。

请把下面这句记住，后面几问会一直用到：

> **源层是本身，比较层是读数。**

说清楚这一点，不是为了贬低比较层。恰恰相反——比较层的成就是人类最了不起的东西之一，它把读数做得又准又细，准到能让一台探测器在飞行十年之后，掐着秒撞上一颗彗星。

弧几何学做的是另一件事：她从源层出发。

两边不冲突，只是站的位置不同：一个在读数上想办法，一个在源头上想办法。

这句话你先记着。到第六问，它会突然变得非常具体。

2-8 为什么只能有一种形式

绕了一大圈，现在回到最开始那个问题：**弧是从哪儿来的？**

弧几何学的回答是这一句：

> **绝对弧，是自然能之唯一形式表征。**

（**形式表征**：显现出来的形式。）

意思是：自然能要显现，只能显现成绝对弧这一个样子。

请盯住那两个字：**唯一**。

不是“一种”形式，不是“主要”形式，不是“最常见的”形式。是**唯一**。

这两个字为什么这么重？因为它一旦松动，整座体系就得往上再加一层。

假设自然能有两种形式，叫甲和乙。那么下面这些问题立刻就得回答：

为什么恰好是两种，不是三种、五种？

什么情况下显现成甲，什么情况下显现成乙？

谁来决定？

你会发现，只要有第二种，就必须有一个**更高的规矩**去安排它们。而这个规矩又是从哪儿来的？于是你得再往上找一层。找上去，还会遇到同样的问题。

只要不是唯一，口就永远封不上。

唯一，才封得住。

所以这句话不是弧几何学懒得列举别的可能。**是这个体系不允许有第二种。**

顺便说一句：这也是判断一个体系够不够彻底的好办法。你可以拿它去问任何一套说法——**你这里有几个不需要解释的起点？**

起点越多，需要外面帮忙的地方就越多。

2-9 因能而在

还有一句话，是弧几何学里最要紧的几句之一：

> **绝对弧不需要外部验证，因（自然）能而在。**

请读慢一点，特别注意那个“**因**”字。

是“**因**能而在”，不是“才能存在”。

这一字之差，差得很远。

“才能存在”听起来像是：得先有人发一张许可证，弧才被批准出现。这就等于承认，在弧之上还有一个发证的机构。

“因能而在”是另一个意思：**弧之所以在，就是因为能在。**

能在，弧就在。这不是两件先后发生的事，是同一件事的两种说法——就像你不会说“因为有了正面，纸才被允许有反面”。

“不需要外部验证”这半句，同样值得停一下。

我们习惯了一件事：一样东西要被承认，得先有人来验证它。实验做出来，论文发出去，同行点头，它才算数。

这套办法在比较层非常有效，应该继续用。

但请想一想：**在最开始的那一层，谁来验证？**

那时候没有实验室，没有同行，没有仪器，连“外面”都还不存在。你要求源头出示一张来自外部的证明，就等于要求它先不是源头。

所以这句话不是在拒绝检验，而是在说明一件更朴素的事：**源头的成立，只能靠它自己站得住。**

于是最开始的问题，现在有答案了。

弧不是画出来的，不是定义出来的，也不是被谁发明的。

她本来就在。

2-10 π 是填进去的，还是长出来的？

引言里我欠你一张支票。现在兑现。

π，圆周率。你背过 3.1415926，可能还能再往下背几位。

老师告诉你：π 就是这个值，记住会用就行。考试要用，记不住吃亏。

现在问一个考试不会考的问题：

为什么 π 偏偏是这个值？

为什么不是 3？不是 3.2？不是 4？

传统数学的回答是：就是这样。

π 是先给定的，拿来用就行，不必追问来历。这种“先给定、不问来历”的东西，有一个说法叫**先验**。

（**先验**：在一切之前就已经定好，不需要解释。）

先验不是一个坏词。任何一套体系都得有几样先验的东西，否则一步也走不动。问题只在于：**你把多少东西放进了这个筐里，以及你知不知道自己放了。**

弧几何学不接受把 π 放进这个筐。她说：

> **π 是非先验数。**

（**非先验**：有来历，不是凭空定好的。）

π 不是先给定的。**π 是从弧的内在几何结构涌现出来的。**

意思是：弧一旦成立，π 就自己跟着出来了。不需要谁去规定，也不需要谁把它填进公式。

这跟第一问里的根号2 是同一回事。

根号2 不是从外面借来的数，它就是绝对弧的径和弦之间天生的比例。

π 也一样。**它们都不是填进去的，是长出来的。**

用一句话说清两者的差别：

在旧的办法里，π 是一个“输入”——你得先把它填进公式，公式才能开始算。

在弧几何学里，π 是一个“输出”——弧成立了，π 就跟着出来了。

先验数是填进去的。非先验数是长出来的。

那到底哪一种说法对？

两种都对，只是站的位置不同：

在传统科学里，π 是先验的——它被当作前提，不需要来历。

在弧几何学里，π 是非先验的——它有来历，来历就是弧本身。

不是有两个 π。**是同一个 π，站在两套体系里，身份不一样。**

看，这里省了力气。

如果 π 在你脑子里是“一个必须记住的怪数字”，那你就得反复背，而且背了会掉。

如果 π 是“弧的形状自己带出来的比例”，你只要懂那条弧，π 就跑不掉——因为它有地方长着。

背，是把东西塞进脑子里；懂，是知道它长在哪儿。

塞进去的会掉出来，长着的掉不了。

> **小思考：**
>
> 把你正在背的东西列一张单子。
>
> 哪些是“填进去的”——别人给你一个结论，让你记住？
>
> 哪些是“长出来的”——你真的知道它从哪儿来？
>
> 三年以后，这两类里哪一类你还会记得？

第二问的回答

> **点是用什么做的？**
>
> 自然能。
>
> 自然能只有一种显现形式，就是绝对弧。绝对弧压缩到极限，就是我们以为的那个“点”。
>
> 所以点不是空的，也不是虚无。**点是自然能压得最紧的样子。**

带得走的一句话

> **能量不是能。能量是显现，能是本身。**

弧从能来，这一步走完了。

但是别忘了，弧上有两样东西——径和弦。它们各自都可以叫作“1”。

那么下一个问题，就自然而然地摆在面前了：

这两个“1”，是同一个“1”吗？

第三问：怎么会有两个“1”？

拆点，见数的根源

3-1 “1”到底是什么？

你从很小的时候就会数数。一、二、三、四、五，数得比背课文还熟。

现在我要问一个听起来很傻的问题：

“1”是什么？

你可能会愣一下。1 就是 1 啊——一个苹果，一支笔，一个人。这还需要问吗？

数学课上的说法是：1 是加法的起点，一个单位，**不能再分**。

这句话你从小听到大，从来没有理由怀疑它。

但请回想一下第一问我们干了什么。

我们把一个“不能再分”的东西拆开了。

那个东西叫点。课本说它是几何的起点，没有内部结构，不可再分。我们拆开一看，里面有绝对弧；弧上有两样东西，**径**和**弦**。

那么，同样的动作可以再做一次。

径可以叫 1。弦也可以叫 1。

这两个“1”，是同一个“1”吗?

先别急着回答“是”。

这一问是全书最有意思的一问，也是最容易让大人一起答错的一问。它要动的不是几何，是你从小学一年级就开始用、从来没有人要求你检查过的那样东西——**加法**。

3-2 径的1，和弦的1

我们把绝对弧再拿出来看一眼。

（提醒一下：绝对弧就是四分之一个圆周。径是从圆心到弧端点的那段，弦是把弧的两端连起来的那段。）

现在做一件很简单的事：**量一量**。

假设我们规定“径就是 1”。那么弦有多长?

1.414 左右，也就是根号2。

反过来，假设我们规定“弦就是 1”。那么径有多长?

0.707 左右，也就是 1 除以根号2。

看出来了吗?

你说径是 1，弦就不是 1。

你说弦是 1，径就不是 1。

无论你怎么调，它们两个永远不会同时都等于 1。你把其中一个摁到 1，另一个立刻跳到别的地方去。

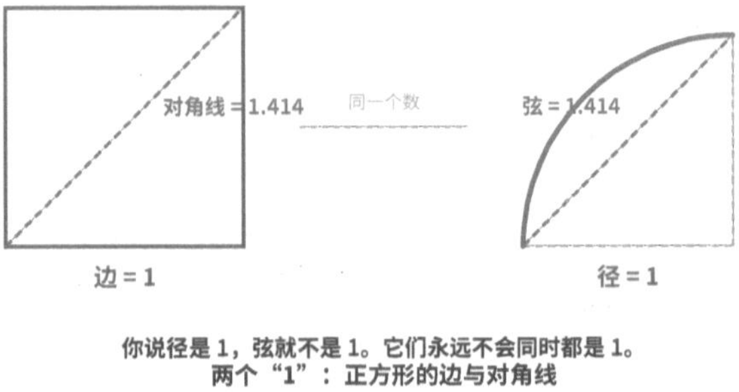

图6　两个“1”

（见图 6）图里那个正方形，边和对角线就是这一对——**同一个图形上的两条线，永远差着那个 1.414。**

这不是巧合，也不是量不准。这是绝对弧的形状本身决定的：它们之间隔着一个根号2，这个距离是拿不掉的。

第一问说过一句话：**径定则弦定，弦定则径定。**

当时我们用它来说明两者密不可分。

现在你看到了这句话的另一面——**它们互相定义，但它们从来不相等。**

关系紧密和彼此相同，是两回事。这两件事经常被混在一起，而它们的差别，正是这一问要拆的东西。

> **来耶！你来试：**
>
> 拿一张方格纸，画一个正方形，边长随便。
>
> 量一量一条边有多长，再量一量从这个角到对角的那条斜线有多长。
>
> 斜线比边长多少倍？你会量出 1.414 左右。
>
> 这个数一直藏在正方形里，从你学正方形的第一天起就在。只是没有人让你注意过它。

3-3 同名为“1”，本质不同

它们为什么不相等？因为**它们根本不是同一种东西**。

在弧几何学里：

径是时间。它是**矢量**——有方向的量。

弦是空间。它是**标量**——只有大小、没有方向的量。

为什么径是时间、弦是空间，要到第四问才说得清。这一节你只要抓住一个差别就够了：**一个有方向，一个没有方向**。

这个差别不抽象，你每天都在经历。

从家走到学校，一公里。这是弦，只有大小。你可以走过去，也可以走回来；无论朝哪个方向走，它都是一公里。

从早上八点到八点二十，二十分钟。这是径，有方向。它只朝一个方向走。

你可以往回走那一公里。

但你没有办法往回走那二十分钟。

这两个“1”——一公里的 1 和二十分钟的 1——长得一样，用起来完全不一样。一个可逆，一个不可逆。

所以弧几何学有一句话：

> **同名为“1”，但本质不同。**

写在纸上，两个 1 一模一样，连墨水都一样多。

但它们不是同一样东西。

这句话你要是真的听进去了，会有一点不舒服的感觉——因为它动了一个你从来没检查过的地基。这种不舒服是好事，它说明你的脑子正在转。

3-4 1公斤加1公里，等于几?

既然不是同一样东西，那把它们加起来会怎么样?

我们先换成更熟悉的东西试一次。

1公斤 + 1公里 = ?

你答得出来吗?

答不出来。

而且请注意，你答不出来的原因很特别：**不是因为这道题难，是因为这道题坏掉了**。

公斤量的是质量，公里量的是长度。它们连比大小都做不到——你没办法说一公斤比一公里多还是少。既然连比都不能比，加当然也加不了。

再试几个，感觉会更清楚：

1只猫 + 1个星期 = ?

1首歌 + 1杯水 = ?

1个想法 + 1块石头 = ?

全都答不出来。

它们的共同点是：两边的“1”站在不同的基准上。

绝对弧上的径和弦，就是这个情况。

径是时间的 1，弦是空间的 1。两个不同基准的 1，硬加在一起，得不到任何东西。

所以：

> **径之1 + 弦之1 ≠ 2**

这不是算错了。是这道题本来就不该这么出。

> **小思考：**
>
> 从小到大，老师出过“1公斤 + 1公里”这样的题吗？
>
> 一次也没有。
>
> 为什么？是因为太难，还是因为它根本不成立？
>
> 如果是后者——为什么从来没有人跟你说过这件事？

3-5 并排放着，不叫相加

有人会说：那简单，加个单位就行了嘛——“1公斤1公里”。

这不叫相加。这叫并排放着。

两个东西并排放着，和两个东西合成一个，是完全不同的两件事。

加法的意思是什么？值得说清楚，因为几乎没有人认真定义过它：

合起来之后，你得到的还是同一种东西，只是多了。

1公斤 + 1公斤 = 2公斤。还是质量，只是重了。

1小时 + 1小时 = 2小时。还是时间，只是长了。

1个苹果 + 1个苹果 = 2个苹果。还是苹果，只是多了一个。

每一次加法，**结果和原料属于同一个族**。这是加法能成立的全部前提。

那 1公斤 + 1公里 呢？

你得到了什么？

不是更重的东西。也不是更长的路。也不是某种“又重又长”的新东西。

你什么也没得到。你只是把两样东西摆在了一起，中间画了一个加号。

加号在那里，可是加法没有发生。

> **来耶！你来试：**
>
> 桌上放一个苹果，旁边放一支笔。
>
> 现在问自己：桌上有几个“苹果笔”？
>
> 一个也没有。桌上有一个苹果和一支笔，就这样。
>
> 你刚才其实做了一次真正的数学——**判断两样东西能不能相加**。这一步，比算出答案更重要。

3-6 什么时候 1+1 真的等于 2

那 1+1 到底什么时候等于 2?

答案很清楚：**当两个 1 站在同一个基准上的时候**。

径之1 + 径之1 = 2。

弦之1 + 弦之1 = 2。

苹果加苹果，人数加人数，钱加钱。**同一种东西相加，才有 2**。

弧几何学里有一层，正好就是这个情况。

第五问你会看到，刘瑾通则一层层折叠下去，会折出一样东西，叫**相对弧**（也叫**相对弧线**）——它是差异的承载者，是我们这个宇宙这一侧的弧。

在相对弧线上，径和弦是相等的。一样长，一样大，站在同一个基准上。

所以在那一层，1 + 1 = 2 成立，而且成立得干干净净。

请把下面这件事看清楚，它是这一问最要紧的收获：

1+1 等不等于 2，要看你站在哪一层。

站在绝对弧那一层：径与弦互为根号2　之倒数，不等同，**1+1　≠ 2**。

站在相对弧线那一层：径与弦相等，同基准，**1+1 = 2**。

同一个算式，两个答案，**两个都对**。

它们不打架，因为它们说的不是同一层的事。就像“水是液体”和“水是固体”都对——一个说的是室温，一个说的是零下十度。

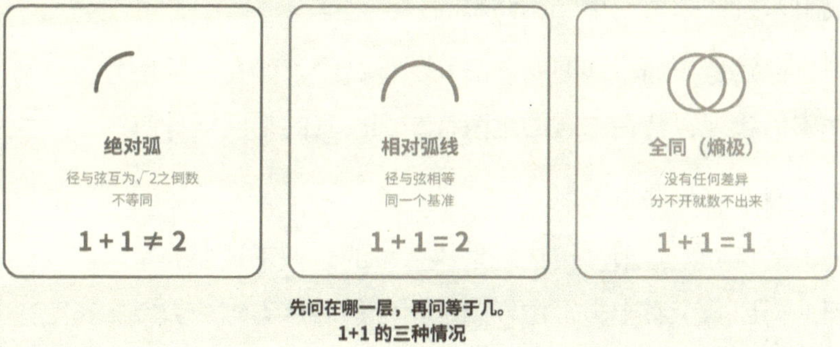

图 7　1+1 的三种情况

（见图 7）三种情况并排放在一起，你一眼就能看出它们各自站在哪一层。这张图值得你多看两秒。

先问在哪一层，再问等于几。这个习惯一旦养成，你会发现很多“矛盾”其实只是层次没分清。

3-7 加法藏着一个没人说破的前提

现在回头看你做过的所有加法题。从一年级到现在，成千上万道。

它们全都藏着同一个**从来没有人说破的前提**：

> **这些 1，都是同一种 1。**

老师从来不出“1只猫 + 1个星期”，不是因为太难，是因为**这道题不成立。**

可是从来没有人把这条规矩明说出来。大家默默地用了几千年，用得太顺了，顺到它变成了空气——空气是不会被讨论的。

弧几何学做的事之一，就是把空气说出来。

说出来有什么用？用处比你想的大。

一旦你知道“加法需要同基准”，你就会开始在别的地方留意同一件事：**我现在合在一起的这两样东西，真的是同一种吗？**

这个习惯会救你很多次。

大人的世界里，很多错误就是这么来的：把不该加的东西加在一起，得出一个看上去很像样的数字，然后拿着这个数字做决定。

数字算得一点没错，可它什么也不是——因为在按下加号之前，那一步就已经错了。

算得对，不等于问得对。

看，这里省了力气。

单位换算你大概做过几十道题，为的是记住“单位不同不能直接加”。

而现在你只要真的看懂“径的 1 和弦的 1 不是同一个 1”，这件事你一辈子都不会忘——因为你不是记住了一条规定，你是看见了它为什么成立。

3-8 还有更奇怪的：1 + 1 = 1

到这里，你已经见过两种情况了：$1+1 \neq 2$，和 $1+1 = 2$。

还有第三种。这一种最奇怪，但它其实最简单。

我们往回走，走到宇宙开始之前。那时候是什么样子？第四问会细讲，这里先给一句：

> **熵极，全同也。**

（**熵极**：宇宙开始之前的那个极点状态。**全同**：完全相同，没有任何差别。）

在那个状态里，没有任何差异。没有“这一个”和“那一个”，没有先后，没有远近，没有大小。所有的东西完全重叠，彻底相同。

现在你把两个“全同的1”叠在一起。

会得到什么？

因为它们完全一样，你根本分不出哪个是哪个，也分不出它们是不是真的有两个。叠完之后——

还是1。

> **全同之1 + 全同之1 = 1**

这不是算错了，这是那个层次的规矩。

弧几何学对绝对弧也这么说：

> **绝对弧之1 + 绝对弧之1 = 1**

3-9 分不开，就数不出来

上一节可能有点绕，我们换个角度想一次，一想就通。

你要说“这里有两个东西”，你必须能指出它们哪里不一样。

位置不一样。时间不一样。颜色不一样。大小不一样。编号不一样。

只要有一处不一样，就是两个。

那如果**处处都一样**呢？

位置一样，时间一样，颜色一样，什么都一样，一样到你完全分不开。

那你凭什么说是两个？

你没有任何依据。你甚至没办法把它们分开来数——数数这个动作要求你先指着一个说“这是第一个”，再指着另一个说“这是第二个”。而在完全相同的两样东西之间，你的手指落不下去。

> **来耶！你来试：**
>
> 找两支尽量一样的铅笔：同一个牌子，同样长，同样新。
>
> 闭上眼睛，请别人把它们的位置打乱，然后睁眼。
>
> 你还认得出哪一支是刚才左边那支吗？认不出。
>
> 那它们现在还算两支吗？
>
> **还算。因为它们在两个位置上——位置就是差异。**
>
> 现在把最后那点差异也去掉：假设连位置都一样，完全重合。
>
> 还剩下几支？

所以在全同的世界里，**“两个”这个说法本身失效了。**

不是数错了，也不是数不清。**是“数”这件事还没有出生。**

3-10 如果全班一模一样，还要点名吗？

这就把我们带到一个更大的问题上：

“数”到底是从哪儿来的？

想想早读课的点名。

老师念名字，一个一个念下去，念得下去是因为每个人都不一样：名字不同，座位不同，声音不同，长相不同。

现在假设一件很怪的事：**全班五十个人完全一模一样**。同样的脸，同样的名字，同样的身高，站在同样的位置上。

老师还点得了名吗？

点不了。念一个名字，五十个人一起答“到”；而且你根本没法知道到底答了几声——因为五十个完全相同的声音叠在一起，和一个声音没有区别。

不是老师不会点，是根本没有东西可点。

所以：

> **有了差异，才有了数。**

数不是人凭空发明的工具，也不是天上掉下来的规矩。

是先有了“这一个和那一个不一样”，才有了数。

这句话反过来说更有意思：

你每数一次数，都在使用宇宙的差异。

你数到 3，是因为有三样东西彼此不同。你能数到一百万，是因为这个世界慷慨地提供了一百万处不同。

数学常常被说成是最抽象、最不依赖现实的学问。

但在这一点上恰恰相反——**数学的地基，扎在“这个世界有差异”这件事情上。**

如果宇宙是全同的，就没有数学。不是没有人去做数学，是没有数可做。

3-11 数是发明的，还是发现的？

上一节的结论，能把一个吵了两千年的老问题，一刀切开。

那个问题是：**数学，是人发明的，还是人发现的？**

说“发明”的人是这么想的：

数是人造的工具。是古人为了数羊、分粮食、量土地才造出来的。就像锤子和轮子一样，是人做出来的东西。

证据也很像样：不同的文明用过不同的数字符号，有的用十进制，有的用六十进制。这不明摆着是人定的吗？

说“发现”的人是这么想的：

数一直都在，人只是找到了它。

三颗石头就是三颗，不管有没有人在数，也不管你管它叫“三”还是叫别的什么。你把它叫成什么，是人定的；**它有三个，不是人定的。**

两边都有道理，所以吵了两千年。

弧几何学的回答，把这两个说法各自摆回了它们该在的位置：

符号是发明的。“3”这个写法、“three”这个读音、十进制这套办法——全是人造的，换一个文明就换一套。

但数本身不是发明的，也不完全是“发现”的。

数是差异的产物。

有差异，就有数；没有差异，就没有数。

人没有发明它，因为人做不到无中生有——你不能对着一片全同的世界说“我宣布这里有三样东西”。

人也不只是碰巧发现了它，因为**人本身就是差异的一部分**。你能数数，是因为你自己就是这个有差异的宇宙里的一处差异。

所以更准确的说法是：

> **数不是人发明的，也不是人捡到的。数是差异出现之后，必然会有的东西。**

你出生在一个有差异的宇宙里，所以你必然会数数。

这就像鱼必然会游泳——不是鱼发明了游泳，也不是鱼在水里发现了一样叫游泳的东西。

是有水，就会有游。

> **小思考：**
>
> 如果有一个完全不同的文明，长在另一颗星球上，从来没有和人类接触过——
>
> 他们的数学符号，一定和我们不一样。
>
> 但他们的“1+1”，会和我们的一样吗?
>
> 你的答案，取决于你觉得数是发明的还是长出来的。

3-12 2 不是加出来的，是折出来的

最后一个问题，也是最要紧的一个。

如果一开始只有全同，只有 1——**那 2 是怎么冒出来的?**

你可能会说：1 + 1 = 2 啊。

不行。请仔细看这个算式里藏着什么：

“1 + 1 = 2”需要**先有两个 1 摆在那里**，还需要**有一个人来做“加”这个动作。**

可是在宇宙开始之前，只有全同，没有第二个 1。

也没有人。

谁摆的？谁加的？没有谁。

所以第一个 2，不可能是加出来的。

弧几何学的回答是另一条路：

> **2 不是 1+1 算出来的，2 是 1 自己折出来的。**

绝对弧自己照了自己一眼——这个动作叫**自映**，第四问会细讲。

一折，第二个就有了。

两种说法的差别有多大？

“要有人加”：需要外面有第二个东西，还需要外面有一个动手的。

“自己会折”：什么都不需要。一张纸对折，不用别人帮忙，也不用第二张纸。

这就是弧几何学和算术的分界线。

算术处理的是“已经有很多东西之后”的世界，它非常好用，但它没办法解释第一个 2。

弧几何学处理的是“还什么都没有”的那一刻。

> **小思考：**
>
> 一张纸，对折一次，两层；再对折，四层；再对折，八层。
>
> 从头到尾，你有没有再拿第二张纸过来？
>
> 没有。
>
> 那么多出来的那些层，是从哪儿来的？

3-13 那“0”呢？

最后留一个问题给你，这本书不回答它。

我们把“1”拆开了：发现它不止一种，发现它取决于站在哪一层，发现它是从差异里长出来的。

那“0”呢?

你从小就会写 0。它是“没有”的意思，简单明了。

但你现在应该已经养成一个习惯了：**先问它站在哪一层**。

于是同一个 0，忽然变得可疑起来。

温度计上的 0 度——那不是没有温度，那是水结冰的那个点。它是一个位置，不是一个空。

你考了 0 分——那不是没有考，是考了，而且答案全错。做了很多事才拿到的 0。

数轴上的 0——那是正数和负数中间那个位置，一个坐标。

“我口袋里有 0 块钱”——这个才比较接近“没有”。

四个 0，长得一模一样，意思差得很远。

它们是同一个 0 吗?

还有一个更难的。

第四问讲过：**熵极，全同也**。宇宙开始之前，一切完全重叠，没有任何差异。

那个状态是 0，还是满?

按“没有差异”来说，它像 0。

按“太满了，满到没有缝隙”来说，它一点也不像 0。

这个问题太大了，大到需要另外一本书来拆。

它是下册的引信。

现在你只要记住一件事：你已经会问这个问题了。

一年前的你，看到 0 只会觉得它是“没有”。

第三问的回答

> **怎么会有两个“1”？**
>
> 因为绝对弧上有两个基准——径和弦。两个基准，各自定出一个“1”。
>
> 径之1 与 弦之1，**名字相同，本质不同。**
>
> 所以 1+1 有时候不等于 2（绝对弧上，径弦不等同），有时候等于 2（相对弧线上，径弦相等），有时候等于 1（全同之中，分不开就数不出来）。
>
> **先问在哪一层，再问等于几。**
>
> 数不是凭空规定的。**数的根子，长在绝对弧的形状里。**

带得走的一句话

> **有了差异，才有了数。**

两个“1”现在都在这里了。

它们各站各的，谁也不理谁，宇宙还没有开始。

那一刻究竟发生了什么，让“没有”变成了“有”？

第四问：点怎么变成宇宙的？

拆点，见宇宙起源

4-1 宇宙开始之前有什么？

现在我们要问一个特别大的问题。大到你可能在某个睡不着的夜里，自己躺在床上问过：

宇宙开始之前，有什么？

这个问题之所以让人不舒服，是因为你会发现，凡是能想到的答案，好像都不太对劲。我们把它们一个一个排掉，排的过程本身就很有意思。

是黑暗吗？

不是。黑暗的意思是“光不在这里”。可是那时候，光还没有诞生。

一样东西还没有出生，就谈不上它在不在。你不能说一个还没出生的人今天缺席了。

是虚空吗？

也不是。虚空的意思是“空间空着”。可是那时候，空间还没有展开。

没有空间，就没有“空着”这回事——空着是空间的一种状态，得先有空间。

是时间在慢慢地走吗？

不是。时间还没有开始。

那总该是“什么都没有”吧？

这一条最难想通，请你慢一点读。

“没有”这个词，是靠“有”撑起来的。

你说桌上没有杯子，是因为你知道杯子是什么，也知道桌上可以有杯子。你不会说“桌上没有一个从来不存在的东西”——那句话没有意义。

先要有“有”，才谈得上“没有”。

而在宇宙开始之前，连“有”都还没出现。所以“什么都没有”这个描述，也用不上。

四个答案，全部排掉。

这说明我们习惯的那套词——黑、空、无、有——**全都是宇宙诞生之后才造出来的词**。拿它们去描述宇宙诞生之前，就像拿一把在地球上校准过的尺子去量一个还没有长度的地方。

弧几何学的回答，是五个字：

> **熵极，全同也。**

（**熵极**：一切能量状态完全重叠的那个极点。**全同**：完全相同，没有一丝差别。）

4-2 不是没有，是太满

“全同”这个状态很难想象，因为我们的想象总要抓住点什么，而全同里没有可抓的地方。

那就用三个画面靠近它。

第一个画面：一个房间里的所有声音。

想象所有的声音同时响起来，完全叠在一起。高音，低音，长的，短的，人声，雷声，一根针掉在地上的声音——全都叠上，一点不少。

叠到最后是什么？

是绝对的安静。

不是没有声音，恰恰相反，是声音多到互相填满了彼此的缝隙，一点起伏也不剩。而你的耳朵只能听见起伏——没有起伏，你什么也听不到。

第二个画面：一张画布上的所有颜色。

红、黄、蓝、绿、紫，全部混在一起，混得彻底均匀。

结果是什么？**是一片纯白。**

不是没有颜色，是颜色满到分不出彼此。而你的眼睛只能看见差别——满到没有差别，你就只看见白。

第三个画面：一杯搅透了的糖水。

糖完全化开，搅到每一处都一样。你从上面喝一口，从底下喝一口，从中间喝一口。

一模一样甜。

你尝不出任何结构。不是因为它淡，是因为它太匀了。

还记得第二问那盆水吗？我说过，“平”这个字后面还会遇到，那时候它叫另外一个名字。

就是现在。

那盆水完全静下来的时候，处处一样，没有高低，没有分别。**熵极就是那个“平”，只不过是彻底的、整个宇宙那么大的平。**

三个画面，同一件事：

> **不是没有，是太满了。**

满到没有任何差异可言。

这一句要记住，因为它决定了你怎么理解后面那个“开始”。宇宙的开始，不是从空荡荡的地方冒出东西来。**是从太满的地方，第一次出现了一道缝。**

> **来耶！你来试：**
>
> 找一张空白的纸，什么都别画，盯着它看十秒钟。
>
> 你看见了什么？
>
> 现在换个问法：**“什么都没有”和“白得很均匀”，是同一件事吗？**
>
> 这张纸上其实什么都不缺——它缺的只是差别。

4-3 Nature 和 Universe

弧几何学给“宇宙开始之前”那个状态起了一个名字。不是中文，是一个你见过的英文词：

> **Nature。**

请注意，这里的 Nature **不是**“大自然”的意思。不是森林、小溪、小动物那个大自然——那些都是宇宙诞生很久以后才有的东西。

它比那个更早，也更根本。**它是一切的源头，是全同的本元。**

（**本元**：最原本的那一个。）

那我们现在住着的这个世界呢？也有一个名字：

> **Universe。**

两个词，一句话分清楚：

> **全同即本元，曰：Nature。差异即宇宙，曰：Universe。**

Nature = 全同 = 没有差异 = 宇宙之前。

Universe = 差异 = 有分别 = 我们现在住的这个。

为什么要专门分这两个词？因为中文里它们经常被翻成同一个“自然”或者同一个“宇宙”，混着用，谁也不觉得有问题。

弧几何学不混。

一个在源头，一个在下游；一个没有差异，一个全部由差异构成。把它们叫成一个名字，等于把水源和自来水龙头叫成一个名字——平时没事，一旦要追根，立刻乱套。

后面几问这两个词会反复出现。现在先记个脸熟就够了。

4-4 拉满的弓

在那个全同的状态里，绝对弧在不在？

在。她一直都在（第二问说过：因能而在）。

但她**还没有做任何事**。没有运动，没有折叠，没有差异。

弧几何学用四个字描述这个状态：

> **不射为静。**

（**射**：发出去。**不射**：还没有发出去。）

绝对弧尚未自映，所以是静的。

这里有一个非常容易滑过去的误会，必须挡住：

“静”不等于“没劲儿”。

想想一张拉满的弓。

弓拉到最满，箭还搭在弦上，还没有射出去。从外面看，什么都没发生——箭没飞，靶子没动，画面是定住的。

可那恰恰是整个过程里最紧的一刻，不是最松的一刻。

所有的力气都在里面绷着，一分也没有泄掉。你只要松一下手指，它立刻就走。

所以弧几何学说的静是这个意思：

静，是张力藏在里面，不是张力不存在。

这跟我们平时的直觉是反的。我们看见不动，就以为没有能量；看见热闹，才以为有力量。

其实很多时候恰好相反——**最大的力量常常是安静的**，因为它还没有被花出去。

> **来耶！你来试：**
>
> 用两只手把一根橡皮筋撑到最紧，然后停住不动，保持十秒。
>
> 从外面看，这十秒钟什么都没发生：橡皮筋没动，你也没动。
>
> 可你的手指知道有多大的力吗?
>
> 现在松开一根手指。刚才那个“什么都没发生”，一瞬间就变成了什么都发生了。

4-5 它自己照了自己一眼

然后，有一件事发生了。

这一件事，就是整个宇宙的开始。

在说它是什么之前，先说清楚它**不是**什么——因为排除的过程会让你看见，这件事有多特别。

不是外力推的。

推需要有个推的东西，那个东西得在外面。可是那时候没有“外面”。外面这个概念，本身就要等空间出现才成立。

不是谁的意志。

不是神，不是造物主，不是任何一个“谁”。因为那时候还没有任何“谁”——所有的“谁”都是后来才涌现的。

不是碰巧。

碰巧需要有很多种可能，然后其中一种发生了。可那时候只有一种状态，全同。没有第二种可能，也就无所谓碰上哪一种。

那到底是什么？

是绝对弧自己。

以自己为出发点，以自己为目标，**把自己映到自己身上**。

这就是——

> **自映**。

> **射即动。**

不射的时候是静，一射就动了。

自映的那一刻，第一次有了差异。全同被打破了。

> **来耶！你来试：**
>
> 找两面镜子，面对面放着，中间留一点距离，然后往里看。
>
> 你会看到一层套一层，一直套下去，看不到头。
>
> 那么多的像，是谁放进去的?
>
> 没有人往里面放东西，也没有人推它一把。**是镜子自己照了自己。**
>
> 宇宙的第一步，就是这个动作。

4-6 不是往外射，是自己折自己

“自映”这个词，最容易被理解错。请特别小心这一节。

看到“射”这个字，你多半会想成：弧朝着外面射出去了什么东西，像手电筒射出一道光。

错了。而且这个错会把后面全带偏。

因为那时候**没有外面**。

要往外射，得先有一个“外”。而“外”是空间的概念，空间还没有出现。

弧几何学把这一点说得非常清楚：

> **自映：不是单向辐射，而是源形式之自发自倍性规范律。**

这句话有点长，我们先只抓最要紧的那两个字：

自倍。

想想一张纸。

对折。

你不需要外面有谁来帮忙，也不需要把它折到别的地方去。它折的是自己，折完还是那张纸——**只是从此有了正反两半。**

折之前：一整张，均匀，没有分别。

折之后：有了“这一半”和“那一半”。

差异，就是这么来的。

不是从外面搬进来的。**是自己折出来的。**

这一步为什么关键？因为它回答了一个所有起源故事都躲不开的问题：

第一推动力从哪儿来？

任何一个需要“外力”的解释，都会被追问：那个外力自己又是从哪儿来的？于是你得再造一个更外面的力，没完没了。

折叠不需要外力。这就是它能当起点的原因。

4-7 全同破了，秩序来了

全同一破，另一样东西同时冒了出来：

秩序。

你可能以为秩序是谁安排的、谁规定的、谁设计的。**不是。**

想想教室的座位表。

座位表为什么排得出来？因为每个人不一样：有高有矮，有姓张的有姓李的，有近视的有不近视的，有爱说话的有不爱说话的。

现在再想那个“全班一模一样”的教室（第三问里那个）。

排得出座位表吗？

排不出。谁坐哪儿都一样，排跟不排没有区别。座位表不会因为老师不够努力而排不出来——是根本没有东西可排。

所以：

> **熵极，全同也。秩序，差异也。**

全同里没有差异，也就无所谓秩序。

差异一出现，差异与差异之间立刻就有了关系：谁比谁大，谁在谁前面，谁挨着谁。

关系，就是秩序。

差异在先，秩序在后。

弧几何学还有一句更深的：

> **熵极，秩序之源。秩序，能之非衡。**

（**非衡**：不平衡。）

能完全平衡的时候，是熵极，是全同。能一旦失去平衡，差异就出现，秩序就出现。

秩序，就是能失去平衡的样子。

这一句要反过来读一遍才够劲。

我们平时的直觉是："乱"是不平衡，"整齐"是平衡。整齐的房间是平衡的，乱糟糟的房间是不平衡的。

弧几何学说反了：

完全平衡的地方，什么秩序也没有。

一杯搅透的糖水，是完全平衡的——它里面没有任何结构。而一片森林、一个城市、一个人，都极不平衡——所以它们里面才有那么复杂的秩序。

秩序不是平衡的产物，秩序是不平衡的产物。

4-8 两手合十

自映之后，几何上发生了什么？我们来看具体的。

绝对弧自映，得到了自己的**镜像**——一条与她完全对称的绝对弧。

镜像与本体合上。这个"合"，弧几何学称为**弧合**（也叫**自互**）。

两个绝对弧，镜像同构，合成一个——

半圆形。

这个半圆有专属的名字：

绝对弧线。

（**绝对弧线**：绝对弧自映弧合之后得到的半圆周形。也就是图 3 中“一维”那一格的**弧线**。）

它不是随便一个半圆。**它是弧合的第一个几何结果，有严格的弧学身份。**

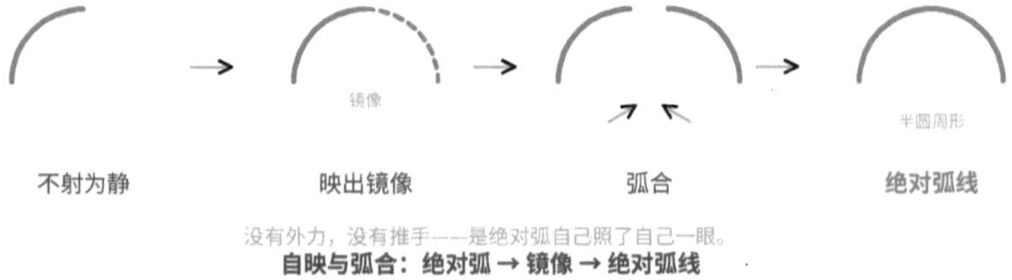

图 8　自映与弧合

（**见图 8**）四格连着看：先是一条弧独处，然后映出镜像，然后两者相向合拢，最后成了半圆。**中间那两格是关键——差异就是在那里出现的。**

> **来耶！你来试：**
>
> 把两只手合十。
>
> 左手和右手是镜像——它们不是同一只手，但每一根手指都对得上，一个不多，一个不少。
>
> 合上之后，你得到的是什么？
>
> 既不是左手，也不是右手，**是两者合起来的第三个形状**。
>
> 请记住“第三个形状”这五个字。这一问后面还要用它，而且用得很重。

顺便交代一件事，免得你把两样东西弄混。

绝对弧线是**这里**折出来的第一个几何结果，属于刚刚离开全同的那一步。

而第三问里说“径弦相等、1+1=2”的那一层，**不是这一层**——那是再往下折很多步之后的**相对弧线**，第五问 5-2 会把整条链排给你看。

两者都是“弧线”，但一个紧挨着源头，一个已经在差异的世界里了。**看弧学的任何一句话，先问它站在哪一层。**

4-9 折纸的三条规矩

自映之后，折叠开始了，而且停不下来。

这个折叠有一个严格的名称：

> **刘瑾通则。**

（出自《弧的原理》。它是弧几何学里唯一的那条折叠规矩。）

刘瑾通则的定义是一句话：

> **源形式之自发自倍性规范律。**

十二个字，听起来很硬。我们还是用折纸把它拆成三条规矩。

拿一张纸，对折，再对折，再对折。

第一条：自发。

纸自己就能折。不需要外面有一个更大的东西来推它、命令它、启动它。

没有推手。这一条前面讲过，是整个体系能自己站住的关键。

第二条：倍律规范性。

每一折都是上一折的倍数：一层、两层、四层、八层、十六层。

不是想折成什么样就折成什么样，规矩是死的。

你没有办法折出“两层半”。也没有办法这一折翻倍、下一折翻三倍。

这一条很重要，因为它挡掉了一个常见的误解：自发不等于随意。**自发说的是没有外力，不是没有规矩。**

一颗种子发芽不需要有人拽它，但它长出来的一定是那种植物，不会随便长成别的。

第三条：源形式。

每一次折的，都是**那张纸本身**。

不是折出来的影子，不是折痕留下的印子，也不是上一折的结果被单独拿出来当新材料。

折的永远是源头那样东西，不是它的产物。

三条，缺一不可。

少了“自发”，就得有外力，前面所有的努力白费。

少了“倍律规范性”，就成了乱折，长不出任何稳定的结构。

少了“源形式”，就折到派生物上去了——那等于源头还没立稳就先去动它的产物。

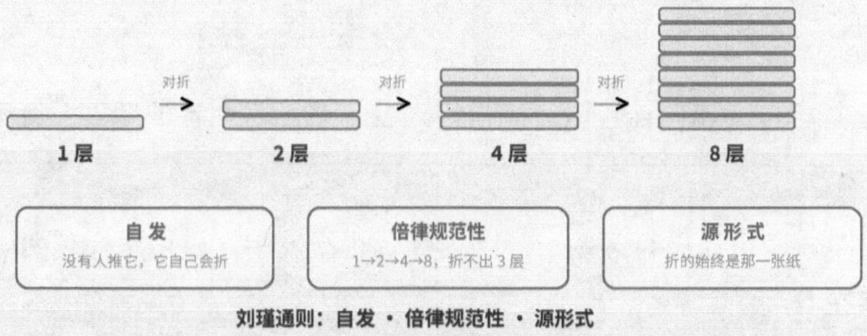

图 9　刘瑾通则

（见图 9）图下方三个方框，就是这三条规矩。**记住这三个词：自发、倍律规范性、源形式**。它们后面还会出现。

> **来耶！你来试：**
>
> 拿一张纸，尽量多对折几次。数一数每次的层数：2、4、8、16……
>
> 有没有哪一次，你折出了 3 层或者 5 层？
>
> 折不出来。为什么折不出来？
>
> 你没有被谁禁止，也没有人在旁边监督。**是这个动作本身只允许这一种结果。**
>
> 这就是“倍律规范性”五个字的意思。

4-10 径与弦，牵手了

刘瑾通则启动之后，一件很具体的事发生了。

径和弦，牵手了。

在全同的 Nature 里，径自径，弦自弦，各在各的地方，互不相干。

这时候宇宙还没有开始——因为什么也没发生，只是两样东西同时存在着。

第三问说过，它们**加不起来**：基准不同，径是时间，弦是空间，硬加得不到任何东西。

那它们是怎么发生关系的？

相乘。

弧几何学的说法是：

> **径弦交互相乘，时空相生。**

时间遇见了空间，空间遇见了时间。就在这一刻——

> **时空牵手，宇宙源初。**

这就是 Universe 的诞生。

> **差异即宇宙，曰：Universe。**

请注意这里用的词：**是“牵手”，不是“堆在一起”**。

宇宙不是把两样东西摞起来摞出来的。堆一万样东西在一起，也还是一堆东西。

宇宙是两样不同的东西，第一次发生关系的那一刻。

一堆积木不是房子。积木之间开始互相支撑的那一刻，房子才出现。

4-11 “时空”不等于“时间和空间”

这一节字数不多，但它是全书最要紧的几句话之一。请读慢一点。

径和弦相乘，生出来的东西，叫**时空**。

你多半会想：时空嘛，不就是“时间和空间”的简称？

不是。

> **“时空”不等于“时间和空间”。**

“时间和空间”，是两样东西并排放着。一个有方向，一个没有方向，各是各的，中间用一个“和”字连着。

“时空”，是它们合一之后生出来的第三样东西。

还记得两手合十吗？左手和右手合上，出来的是第三个形状——它不是“左手和右手”的简称。

再举一个更清楚的，你化学课上会遇到。

氢，加上氧，生出水。

水是“氢和氧”的简称吗？

完全不是。

氢会燃烧，氧助燃，两个都跟火亲近。可它们合出来的水，是灭火用的。

合出来的东西，脾气可以跟原料完全相反。

你渴了不会说：“给我来一杯氢和氧。”这句话听起来滑稽，但它滑稽的原因，正是我们要讲的道理——**合出来的东西有自己的身份，不能拆回去叫**。

所以请把这两行分清楚：

时间 + 空间 ≠ 时空。（并排放着）

时间 × 空间 → 时空。（相生）

一个是把两样东西摆在一起，一个是让两样东西生出第三样。

4-12 时间和空间，是时空的影子

现在要把整个顺序翻过来了。做好准备，这一节推翻的东西很大。

我们从小被教的画面是这样的：

宇宙是一个大盒子。时间是一条河。东西放在盒子里，事情在河上漂。

盒子和河先在，然后才有东西和事情。

这个画面太自然了，自然到你从来没想过它可能是反的。

弧几何学说：**反了。**

> **时间和空间不是舞台，是折叠的读数。**

（**读数**：量出来的那个数，不是东西本身。）

还记得成绩单吗？92 分是读数，你才是本身。

时间和空间，就是那个 92 分。

它们是绝对弧按刘瑾通则折叠之后，在比较层上被读出来的两个数。**是结果，不是容器。**

而且顺序还要再往前推一层，这一层更要紧：

先有时空——径弦合一生出来的那第三样东西。

我们读到的时间和空间，是时空的投影。

（**投影**：被投照出来的影子。）

不是时间和空间凑成了时空。

是时空投下来，才分成了时间和空间。

想一想影子。

太阳在天上，你站在地上，地上有一道影子。影子的长短，是太阳位置的读数。

不是影子先决定了自己多长，太阳才跑去站那个位置。

是太阳在那儿，影子才那么长。

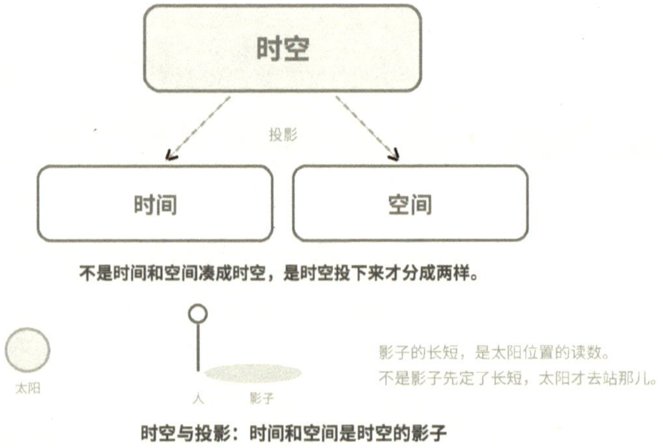

图 10　时空与投影

（见图　　10）上面一个整块，下面分成两块——**箭头是从上往下的**。这个方向就是这一节的全部意思。

如果有人只研究影子，不抬头看太阳，他也能总结出一大堆规律——影子早上长、中午短、下午又长，规律准得能对表。他甚至可以靠这些规律活得很好。

但他永远解释不了**为什么**。

传统宇宙论把分开的那两样——时间、空间——当作舞台。

在弧学的宇宙里，那两样是影子。

这不是说传统宇宙论错了。研究影子是有用的，日晷就是这么造出来的。

只是——**抬头看一眼，会知道得更多。**

4-13 宇宙不是炸出来的

最后说说你多半听过的那个说法：**大爆炸**。

宇宙起源于一个奇点，砰的一声炸开，一直膨胀到今天。

这个说法在比较层上很有用，它解释了很多观测到的现象。

但如果你把它当成“宇宙是怎么开始的”的最终回答，只要认真问三句，就会问不下去。

第一句：炸到哪里去？

爆炸需要空间。炸开的东西总得有地方去。

可是那时候空间还没有——空间是被这次爆炸造出来的。

那它往哪儿炸？

第二句：谁规定它要炸？

那个奇点，为什么好端端地要炸？

是有人点了火吗？没有人。是压力到了临界点吗？压力是后来才有的概念。是时间到了吗？时间还没开始。

每一个可能的答案，都需要一样那时候还不存在的东西。

第三句：“之前”是什么意思？

我们说“爆炸之前”。

可是“之前”这个词需要时间。那时候有时间吗？没有。

所以“爆炸之前”这句话，本身就说不通。

问三句，就问到墙了。

这不是说大爆炸是胡说。它是一个很好的**比较层模型**——它把可以观测的部分描述得很准。

但它回答不了源头，因为它的每一个零件，都是宇宙诞生之后才有的东西。

用只在屋子里才有的工具，说不清楚房子是怎么盖起来的。

弧几何学的回答是：

> **宇宙不是炸出来的，是折出来的。**

不需要奇点，不需要爆炸，不需要外力。

只需要：绝对弧，自映，刘瑾通则，径弦牵手。

> **小思考：**
>
> “炸”和“折”，差别在哪儿?
>
> 炸，需要外面有地方可去，需要有东西点火。
>
> 折，只需要它自己。
>
> 一个起源故事，向外面借的东西越少，它就越有资格当起源。
>
> 你觉得这两个说法，哪一个借得少?

第四问的回答

> **点怎么变成宇宙的?**
>
> 绝对弧自映——射即动。
>
> 刘瑾通则启动——自己折自己，每一折都是一倍，规矩死死的。
>
> 径弦牵手——时间与空间合一，生出时空。
>
> 差异涌现——Universe 诞生。
>
> 宇宙不是炸出来的。**宇宙是绝对弧自己照了自己一眼的结果。**

带得走的一句话

> **宇宙是绝对弧自己照了自己一眼。**

宇宙有了。

可是那时候的宇宙里，还没有你。没有星星，没有空气，没有地面，没有一样东西可以站。

你，是怎么从那里，一路走到这里的？

第五问：我是从点里出来的吗？

拆点，见自己

5-1 刚出生的宇宙，还住不了人

宇宙有了。时空牵手，差异涌现，Universe 诞生。

现在做一个实验，在脑子里做。

假设有人把你送回那一刻，让你站在刚刚诞生的宇宙里。你会看到什么？

什么也看不到。

没有星星，因为恒星要等很久以后才会点着。

没有空气，因为组成空气的那些元素还没有被造出来。

没有地面，因为地球连影子都没有。

没有光，也没有暗——那时候还谈不上明暗。

而且你根本站不住，因为没有“下面”这个方向。

这个想象里有一件事值得停一下。

我们总以为宇宙一开始就是现在这个样子，只是小一点、挤一点。像一间小房子，后来慢慢扩建成了大房子，家具一直都在。

不是的。

一开始不但房子没有，家具没有，连造家具的木头、木头里的纤维、纤维里的分子、分子里的原子——**一样都没有**。

从“什么材料都没有”到“有一个人站在这里读这本书”，中间隔着很多很多层。

而且这些层不是搭出来的，是**折**出来的——第四问 4-9 那三条规矩，一条也没有失效。每一折都在上一折的基础上翻一倍，每一折都让差异更深一点，结构更实一点。

从绝对弧到你，中间折了多少次？没有人数得清。**但方向是清楚的，而且一路上没有出现过第二种机制。**

那我，到底是怎么来的？

5-2 从弧到你，中间隔着几层

我们把这条路排出来。

第一层：绝对弧。

本元弧。四分之一圆周形，自然能的唯一形式表征。她一直都在。

第二层：绝对弧线。

绝对弧自映，得到自己的镜像，镜像与本体弧合，合成半圆周形——这就是绝对弧线（第四问 4-8 讲过）。

到这里，第一道差异出现了，Universe 开始了。

第三层：相对弧系。

刘瑾通则不会只折叠一次。**自互继续，弧合继续。**差异继续加深，结构一层比一层复杂。

在这个过程中出现的，是**相对弧**——

> **相对弧，是绝对弧之自映。**

（**相对弧**：差异的承载者。绝对弧只有一个，是全同的、Nature 那一侧的；相对弧属于 Universe 这一侧，它承载差异，也因差异而存在。）

由相对弧组成的这一层，叫**相对弧系**。

第四层：衍生弧系。

折叠再往下走，差异凝结成越来越实的东西：元素、分子、矿物、水、空气、细胞、身体。

这一层叫**衍生弧系**，也就是第二问里三层中最下面的那一层——**物质**，衍生层。**星辰大海，万事万物，都在这一层。**

这四层有点抽象，我们给每一层配一样抓得住的东西。

绝对弧那一层，你抓不住任何东西。

这不是我偷懒——那一层本来就没有“东西”。它是形式，不是材料。硬要打比方，它像乐谱上的一个记号，而不是任何一段被弹出来的声音。

绝对弧线那一层，出现了第一个“两”。

在这之前只有全同，连第二个都没有。弧合之后，有了正反，有了对称，有了可以互相参照的两半。

你可以想象成一张纸刚被对折的那一瞬间：纸还是那张纸，但从此有了“这一半”和“那一半”。

相对弧系那一层，能量差异遍布。

不是“有很多个差异”这么数得清的事——**是差异铺满了这一层，处处都是。**

不再是一次对折，而是自互继续、弧合继续，一层层分下去。这一层还是没有东西可摸，但已经有了结构，有了关系，有了远近亲疏。

如果上一层是对折一次，这一层就是一张被反复折过的纸——展开来看，满纸折痕，纵横交错。

衍生弧系那一层，你终于摸得到了。

星辰大海，万事万物，全在这一层。

元素在这里，分子在这里，水和空气在这里，你的骨头和血在这里；银河也在这里，你昨晚看见的每一颗星星都在这里。

你早饭吃下去的那口粥，和天上那条银河，是同一层的东西。

排完这条链，你就能回答那个问题了：

你在哪一层？

你是相对弧，住在一具衍生弧的身体里。

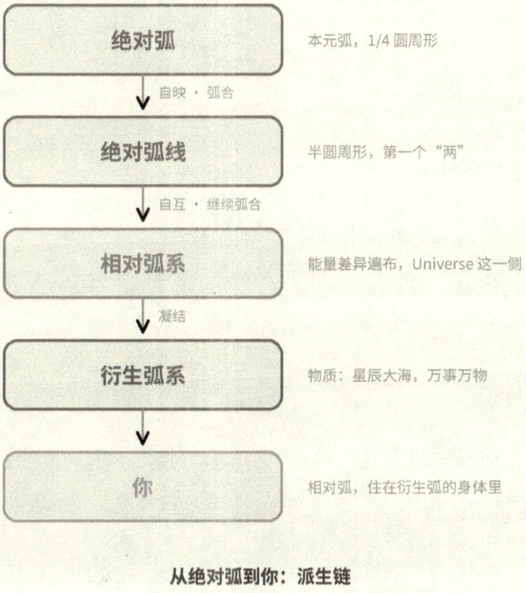

图 11　从绝对弧到你：派生链

（见图　11）五级从上往下排。**最底下那一格写着“你”——请你找到它，然后往上数，看看你和绝对弧之间隔了几层。**

你的身体是物质，属于衍生弧系。但**你**不是那具身体——这一节的下半段和 5-3 都会说这件事。

这条链有一个地方，值得你多看一眼。

它是一路往下的，而且越往下越具体。

绝对弧最抽象，什么材料也不是；到了衍生弧系，你已经可以用手摸到了。

但**越具体，离源头越远**。这是一条你在后面会反复用到的直觉：

看得见摸得着的那一层，从来不是最根本的那一层。

5-3 你不是一堆原子

现在正面回答“我是什么”。

弧几何学的回答只有五个字：**人是相对弧**。

先说这五个字**否定了什么**，因为否定的部分更容易感觉到。

你不是一堆原子。

你身上的原子每天都在换。今天吃进去的碳，明天就成了你的一部分；几个月前构成你的原子，现在很多已经不在你身上了。

如果你就是那堆原子，那么几年前的你和现在的你，几乎没有一个共同的零件——你们凭什么是同一个人？

这个问题很老。传说古时候有一艘船，木板烂一块换一块，换了很多年，直到全船没有一块是原来的木头。

它还是原来那艘船吗？

如果你说是，那么“是”的根据显然不在木板上。

如果你说不是，那么请指出来：**它是从哪一块木板开始，变成另一艘船的？**

你指不出那一块。因为根本没有那一块——**这个问题从一开始就问错了层。**

你不是 DNA。

DNA 是一套很了不起的说明书。但说明书不是被造出来的那个东西。你和你的同卵双胞胎兄弟共用一套说明书，你们是同一个人吗？不是。

你不是大脑里那些神经元的网络。

那个网络确实和你有关，而且关系很深。但它同样每天在变——今天的连接和三年前不一样，睡一觉之后和睡之前也不一样。

这些说法都不算错。它们只是**站错了层**。

原子、DNA、神经元，全都是物质层面的描述，是衍生弧系里的事，是**比较层的读数**。

还记得第二问的成绩单吗？

92 分是真的，体检报告上的每一个数字也是真的。但把所有的读数加起来，你还是拿不到那个人。

读数再全，也不是本身。

> **来耶！你来试：**
>
> 拿一张纸，写下五个关于你自己的数字：身高、体重、年龄、鞋码、上次考试的分数。
>
> 五个都写完了，看着它们。
>
> **现在把这五个数字交给一个从没见过你的人。他认识你了吗？**
>
> 再想一层：**要写几个数字，他才算认识你？**

那本身是什么？

你是一个相对弧——差异的承载者，Nature 认识自己的一个节点。

后半句现在可能有点抽象，5-9 会讲清楚。你先记住前半句：

你不是由什么零件组成的，你是宇宙分化出来的一处差异。

5-4 先划一道边界

接下来这几节，要讲一件跟前面四问性质不同的事。

在往下走之前，必须先划一道边界，否则很容易读串。

前面四问讲的是本体论——存在本身的那一层。

（**本体论**：研究“什么东西真的存在、它们凭什么存在”的那一门学问。）

绝对弧是不是四分之一圆周，π 是不是非先验，宇宙是不是折出来的——**这些事情跟你愿不愿意没有关系**。你同意，它是这样；你不同意，它还是这样。

从这一节开始，要讲的是人的方向。

光化极、磁化极、选择——**这些跟你愿不愿意有很大关系**。它们说的不是“世界是什么样”，而是“你往哪儿走”。

这两层不能混。

混了会出两种错，而且两种都很难修。

一种是把“你应该往哪儿走”说成宇宙的硬规定，好像不这么走就违反了物理定律。那是拿本体论去压人。

另一种是把“绝对弧是四分之一圆周”说成一种人生态度，谁喜欢谁信。那是把本体论稀释成心灵鸡汤。

弧几何学两样都不做。

前面四问不需要你同意。接下来这几节，需要你自己拿主意。

请带着这条边界往下读。

5-5 气球与石头

相对弧的世界里，有两个方向。

一个叫光化极。

（**光化极**：精神向自然本态回归的方向。）

朝向绝对弧，朝向全同，朝向 Nature。

越往那个方向走，差异越少，结构越简单，越接近源头。那里充满永恒的光明——连时间和空间也消散不见了。为什么？因为时空是折叠的读数（第四问 4-12），回到源头，就没有可读的数了。

另一个叫磁化极。

（**磁化极**：机体向物质深处沉降的方向。）

朝向更多的差异，更多的凝结，更多的分裂。

越往那个方向走，结构越复杂，也越沉重。那里张力巨大，矛盾冲突，相克不禁。

两个方向，可以这样对照着看：

光化极是“回去”——回到全同，回到源头，差异一层层脱掉。

磁化极是“下去”——沉进物质，差异一层层加上，结构越来越重。

一个像松手放开的气球，往上，往轻，往稀薄。

一个像松手放开的石头，往下，往重，往密实。

要说清楚一件事，免得你误会：

这不是在说“上面好，下面坏”。

石头不坏。你的身体就在磁化极这一侧，它让你能跑能跳能拥抱别人。没有这一侧，你连站都站不住。

气球也不是全对。一个只往上飘、什么也不肯承担的人，也不是什么好状态。

两个方向都是真的，而且两个方向一直都在相互拉。

这也不是遥远的哲学，它每天都在你身上出现。

你为一道题较劲了两个小时，最后想通了。那一刻你什么也没得到——不能吃，不能用，考试还未必考。**但你很高兴**。

那是光化极的方向。

你饿了，吃饱了，暖和了，舒服了，眼睛一闭不想再动。**这也是真实的，也是需要的**。

那是磁化极的方向。

一天里，这两个方向轮流出现，谁也不曾缺席。

5-6 拔河的绳结

那人在哪里？

人处在光化极与磁化极之间。

弧几何学给这个位置一个名字：**电性态**。

（**电性态**：光与磁之间，相合而生电。这是人所在的位置。）

人不是纯粹的光，也不是纯粹的磁。**人是两者之间的那一个。**

想想拔河。

两头各有一股力，你是绳子中间那个结。

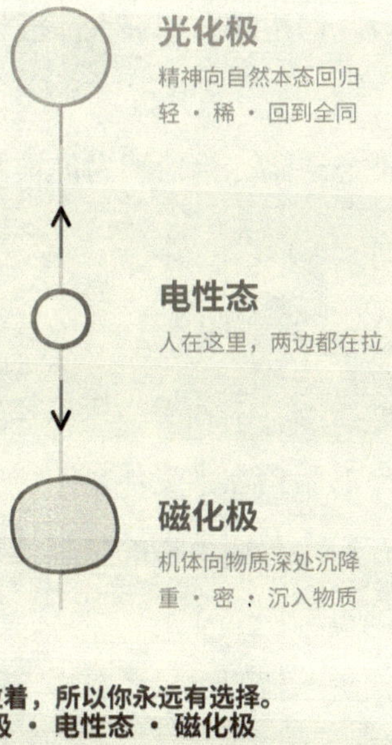

图 12　光化极 · 电性态 · 磁化极

（见图 12）上面一只气球，下面一块石头，中间一个绳结。**那个绳结就是你**。两条箭头一上一下，一刻也没停过。

结不属于任何一头。结的位置，取决于此刻两边谁更用力。

而且结不能弃权。

你说“我不参加了”，松开手站着不动——绳子照样会把你拖走。**不选，本身就是一种选**。

这个位置有点难受，但它也是唯一有意思的位置。

纯粹的光化极，没有选择——那里已经全同了，没有分别，也就没有可选的。

纯粹的磁化极，也没有选择——那里全是必然，石头往下掉，不需要决定。

只有中间这一段，两边的力都够大，谁也没有压倒谁——选择才成立。

所以人的处境不是缺陷。**恰恰因为你被两边拉着，你才有得选**。

> **来耶！你来试：**
>
> 找一根橡皮筋，两个人各拉一头，你用一根手指顶在中间。
>
> 感觉一下：你的手指在承受什么？
>
> 只要两边都在用力，你手指的位置就是有意义的——它是一个可以决定的位置。
>
> 现在让一边松手。你的手指还有得选吗？

5-7 人有选择

在说“选择”之前，先把人和自然的关系说准。弧几何学用十二个字：

> **浑然无界，生死相依，思异形同。**

三句，三层。

浑然无界——你和自然之间没有那道界。不是你站在自然里面，是**你和它之间根本没有一条线可以画。**

生死相依——它没了，你也就没了。你不是在参加它，**你是它的正在发生的一部分。**

思异形同——同一个形体里，想的可以不一样。

第三句最要紧，因为它挡住了两个方向的误读。

它挡住“那我不过是被带着走”。既然连体，既然共变，照字面推下去很容易得出：那我做什么都是被决定好的。**“思异”否掉了这一条。**

它也挡住“我有一个独立于自然之外的自己”。那等于给人另立了一个站在外面的位置——**而唯元无外，谁也出不去。“形同”否掉了这一条。**

你既不在自然之外，也不是自然的傀儡。

你就在“形同”里面的那个“思异”。

那个“思异”到底凭什么可能——**这本书答不了**。它要拆的东西比“点”更难，得等下册。

有了这三句，下面这一句才站得住。这是弧几何学关于人最重要的一句话：

> **人是电性态，有选择。**

朝光化极走——精神升化，向绝对弧回归。

朝磁化极走——机体沉溺，向物质深处坠落。

或者浮游其间——在两极的撕扯中，找自己的平衡点。

没有人能逃开这个选择，因为这是相对弧的本性：

差异的存在，必然面对方向的问题。

只要你是一处差异，你就在某个位置上；只要你在某个位置上，你就在朝某个方向偏。你不选择，重力也会替你选。

这句话的分量，得配上一句提醒才完整：

“有选择”不等于“随便选都一样”。

有选择的意思是，往哪边走取决于你；不是说往哪边走都到得了同一个地方。

一个人天天只喂身体、不喂脑子，他会越来越重、越来越只关心眼前的东西——这不是有人在惩罚他，这是磁化极那一侧本来的样子。

反过来也一样。你多想一次问题、多问一次为什么、多为一件不能吃不能用的事情动一次心，你就往光化极那边挪了一点点。

你现在正在读这本书，这个动作本身就在那一侧。

小思考：

今天你做的事情里，哪些是往“重”的方向走的？哪些是往“轻”的方向走的？

不用愧疚，两边都需要。

但请诚实地看一眼：这两边的比例，是你想要的比例吗？

5-8 选择不是一次性的

关于“选择”，有一个很常见的误会，必须挡掉。

我们一说“人生的选择”，脑子里浮现的往往是几个重大关头：考哪个学校，做什么工作，跟谁在一起。好像选择是几场大考，考完就定了。

弧几何学说的选择，不是这个意思。

你是电性态，意味着**你每时每刻都在两股力之间。**

那两股力不会因为你昨天做过一次决定就停下来。拔河的绳子，不会因为你上周拉过一次就散场。

所以选择不是一次性的，是持续的。

它发生在你今天决定，是把那个想不通的问题再想十分钟，还是算了。

发生在你看到一件很美的东西时，是停下来看三秒，还是划过去。

发生在你听到一句不同意的话时，是先问一句“他为什么这么想”，还是立刻反驳。

这些都很小，小到不像选择。

但请注意一件事：

方向是靠积累显形的，不是靠一次决定显形的。

一天偏一点点，看不出来。一年偏一点点，还是看不太出来。

十年之后，两个从同一间教室走出去的人，会站在很远很远的两个地方。

而且他们各自都会觉得：我好像没做过什么特别的决定啊。

对，正是这样。

这也是这本书为什么写给你这个年纪的人。

不是因为你比大人聪明，也不是因为你比大人有空。

是因为你现在偏一点点，效果最大。

同样的角度，越早偏，走出去越远。

> **小思考：**
>
> 回想今天你做过的最小的一个选择——小到你当时根本没觉得那是在做选择。
>
> 它是往哪个方向偏的？
>
> 如果这个动作重复一千次，你会到哪儿？

5-9 Nature 长出了眼睛

现在回到 5-3 欠下的那半句。

绝对弧自映，产生相对弧。相对弧，是宇宙在分化自己的过程中产生的结构。

而你，作为一个相对弧——

你不是宇宙的旁观者。

> **你是 Nature 自我认识的一个节点。**

换一个说法，你会更容易记住：

Nature 不是一件摆在那儿的东西，等着谁来看它。

Nature 长出了眼睛，来看自己。

你就是那些眼睛里的一只。

还可以换一个说法，而且这个说法更要紧。

同一者要认识自己，只能去找自己的**像**——画一幅自画像。而画像要有笔。

你就是那些笔里的一支。

> **你是 Nature 画自己的众笔之一，大家竞赛的是谁画的最简且逼真。**

请注意“**众**”字：不是一支笔，是很多支。一支笔画不全自己，所以要有很多支，互相看，互相补。

再注意后半句——**这里是有标准的。**

不是画得越复杂越好，也不是画得越玄越好。**最简，而且逼真。**

用最少的东西，画得最像。

牛顿用三条定律画了一大片天，那是很好的一笔。而弧几何学想做的，是用更少的东西画得更像。

这场竞赛一直在进行，而且没有裁判——只有那幅像自己作数。

想一想你抬头看星空的那一刻。

通常我们会觉得，那是一个很小的东西在看一个很大的东西——人很渺小，宇宙很宏大，看着看着有点感慨。

弧几何学给的是另一个画面：

那不是小东西在看大东西。那是宇宙在看宇宙。

组成你眼睛的原子，来自很久以前的恒星。你抬头看到的光，走了很多年才到你这里。这两样东西在你的视网膜上相遇的那一刻——

宇宙的一部分，看见了宇宙的另一部分，并且知道自己在看。

这件事在整个已知的宇宙里都极其罕见。

> **来耶！你来试：**
>
> 找一个晴朗的晚上，走到能看见星星的地方，抬头看三分钟。别拍照，别查星座，就看。
>
> 然后想一句话：**你眼睛里的原子，来自很久以前的某颗恒星。**
>
> 现在再看一眼。
>
> **这一眼，和刚才那一眼，是同一眼吗？**

这不是在夸你。这是在说位置。

你所在的这个位置，是 Nature 能够回头看自己的少数几个地方之一。

一块石头不会问自己从哪儿来。一颗恒星不会想自己为什么燃烧。

而你在读这一段，并且脑子在转。

这件事本身，就是宇宙在做一件它在别处做不到的事。

5-10 相对弧回望绝对弧

最后说一件你可能一直觉得说不清的事。

人有一些渴望，说不出理由：

对美的渴望——为什么一段音乐会让人想哭？它又不能吃。

对真理的寻找——为什么弄明白一件事会让人高兴？就算那件事一辈子用不上。

对爱的渴求，对永恒的向往，对“活着到底是为什么”的追问。

这些东西不能吃，不能穿，不帮你考高分，也不帮你赚钱。**按理说它们早就该被淘汰掉了。**

可它们一直在，每一代人身上都在。

弧几何学说，这些不是偶然的：

> **这是相对弧回望绝对弧的几何冲动。**

差异渴望回归全同。Universe 渴望回望 Nature。

你从全同里来，你身上带着回去的方向。

为什么听到某一段音乐会想哭？

为什么看到极大的星空会觉得又害怕又想靠近？

为什么明明什么都不缺，还是会有一种说不出来的空？

弧几何学不把这些当成情绪的副产品，也不当成需要治好的毛病。

这是结构本身发出的声音。

那个空不是缺了什么东西，是你身上有一个朝着源头的方向，而你现在离得很远。

最后补一句，这一节和前面四问是两种性质的东西。

前四问讲的是存在本身，你同不同意，它都那样。

这一节讲的是你自己身上的事。

我说的这些，如果你从来没有过那种感觉，那就当我没说——弧几何学不打算说服你拥有一种你没有的体验。

但如果你有过，那你现在知道它叫什么了。

给一样东西起个名字，不会让它变多，也不会让它变少。

但你从此可以拿它来想问题了。

> **小思考：**
>
> 想一件你说不出理由、但就是很想做的事。
>
> 不是为了考试，不是为了别人看，不是为了有用。
>
> 你为什么想做它？
>
> 想不出理由——这件事本身，是不是也算一个线索？

第五问的回答

> **我是从点里出来的吗？**
>
> 是的，但不是直接从点里出来的。
>
> 点里有绝对弧。绝对弧自映弧合，成绝对弧线；刘瑾通则继续折叠，成相对弧系；再往下凝结，成衍生弧系——那是物质，是你身体的材料。
>
> **你是相对弧，住在一具衍生弧的身体里。**
>
> 你是差异的承载者，是 Nature 认识自己的一个节点，是光化极与磁化极之间的电性态。
>
> 你被两边拉着，所以你永远有选择。
>
> **你从绝对弧来，你身上带着回望绝对弧的方向。**
>
> **你是 Nature 画自己的众笔之一——Nature 自画像。这，就是你。**

带得走的一句话

> **Nature 长出了眼睛，来看自己。你就是那些眼睛里的一只。**

知道了自己是什么，还剩最后一个问题。

这个问题最实在，也最容易被大人问出口：

知道这些，到底能拿来做什么？

第六问：把点拆开，能做什么？

拆点，见未来

6-0 在读数上想办法，和在源头上想办法

我们已经走了很远。从一个粉笔点出发，拆出了弧，拆出了自然能，拆出了两个“1”，拆出了宇宙的开始，拆出了你自己。

现在是最后一问，也是最实在的一问——**这些，能拿来做什么？**

这个问题该问，而且必须答得具体。一套说法如果只能让人点头，不能让人动手，它就还只是一种说法。

在看具体的八件事之前，先把它们背后那条共同的思路说清楚。这一条比八件事本身更重要。

今天几乎所有的技术，都工作在比较层——在读数上想办法。

（还记得比较层吗？第二问讲过：读数的那一层。）

举个例子。你想让屋子暖和一点，怎么办？开暖气。暖气做的事，是把温度这个**读数**往上推。

再举一个。你想让电脑快一点，怎么办？换更好的芯片，把晶体管做得更小、更密。这也是在推读数——运算速度这个数字。

这条路非常有效，人类靠它走到了今天。**但它有一个上限：你只能改善已经存在的东西，很难做出一条新的路。**

芯片再小，也小不过原子；温度再高，也逃不出热力学那一套。你在读数上使劲，就要接受读数那一层的全部限制。

弧几何学走的是另一条：在源头上想办法。

不问“这个数字怎么再推高一点”，而是问：**这样东西在源层是什么结构？如果直接动那一层，会怎么样？**

下面八件事，你会看到同一个动作反复出现：**先找到它在源层的结构，再从那里下手。**

它们不是八个孤立的发明。**它们是同一个方法用在八个地方。**

看的时候请留意这个共同点，那比记住八个名字有用得多。

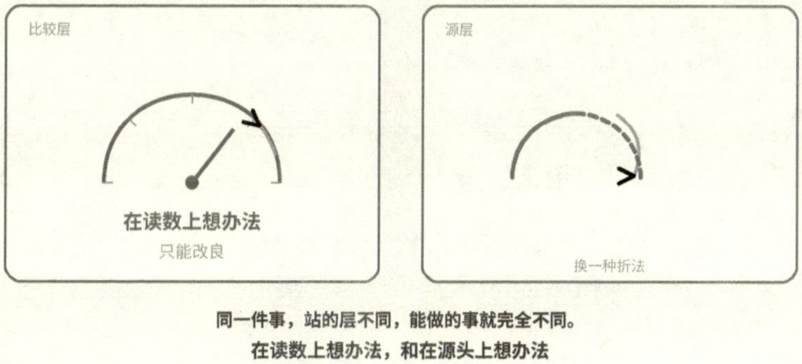

图 13　在读数上想办法，和在源头上想办法

（见图 13）左边一个刻度盘，有人在推指针；右边一只手在改结构的折法。**同一件事，两种办法——这张图是第六问的总纲。**

> **来耶！你来试：**
>
> 在你身边找三样东西：一样电器、一样文具、一样交通工具。
>
> 对每一样问一句：**它比上一代好在哪里?**
>
> 然后判一判——这个“好”，是**在读数上想办法**（更快、更小、更省电），还是**在源头上想办法**（换了一套原理）？
>
> 三样里，多半三样都是前者。**这就是你现在住着的那个世界。**

6-1 弧算机

先看今天的计算机。

不管它多快，底下都是**二进制**——0 和 1，开和关，通电和不通电。所有的照片、视频、游戏、你正在读的这段字，全都是一长串 0 和 1。

现在问一句：二进制的地基是什么?

是点。是一个没有内部结构的单位。它只能有两个状态，因为它里面没有别的东西可以用来区分。

一个没有内部结构的东西，一次只能表示一位信息。这不是技术问题，这是它的出身决定的。

再看弧。

把点拆开，里面是弧。弧有径，有弦，有曲率，有张力，有方向，还有倍律规范性。

它有内部结构。

一样有内部结构的东西，能承载的信息，远远超过“开”和“关”两种。

弧算机，就是建立在弧几何结构上的计算机——不是线性的 0/1 运算，而是**指数级的弧结构运算。**

不是比今天的计算机快几倍，是换一个量级。

这里可以顺手回答一个你可能有的疑问：为什么不是把现在的计算机做得更快就行了？

因为快和快不一样。

一辆自行车骑得再猛，也变不成飞机。不是骑车的人不努力，是自行车这套结构的上限就在那儿。

弧算机不是更快的自行车，它换了一种走法。

今天卡在哪里？

芯片越做越小，这条路快到头了。晶体管已经窄到只有几十个原子，再小下去，电子会直接穿过本该挡住它的墙。

那是量子效应，不是工艺问题——**磨得再细也躲不开。**

弧学从哪里下手？

不在“把单元做得更小”上使劲，而是**换一种单元。**

弧有内部结构，它能承载的信息不靠体积取胜，靠结构取胜。

路走不下去的时候，通常不是脚力不够，是这条路到头了。

6-2 氢金属

氢是宇宙里最轻、最简单的元素——一个质子，一个电子，再没有别的。在地球上，氢通常是气体。

“氢是气体”这件事，听起来像是氢的天性。

但弧几何学说：不是天性，是当前的折叠方式。

物质是弧的派生结构（第五问那条链的最后一层：衍生弧系）。一**样东西是什么相态，取决于它的弧结构怎么折。**

这件事其实你已经见过一个例子，只是没往这边想过。

石墨和金刚石，成分完全一样，都是碳。

一个软到可以在纸上写字，一个硬到能划开玻璃。价格差了几万倍。

差别在哪儿？**只在结构**。碳原子排列的方式不一样，其他什么都没变。

同样的材料，换一种排法，就是另一样东西。

那么，如果我们能从弧学原理出发，重新安排氢的折叠方式呢？

在特定的弧学条件下，氢可以被重构为金属态——导电性极强，密度极高。

这就是**氢金属**。

它是弧几何学对物质相态重构的第一个具体应用，也是最容易理解的一个：**不加不减，只换排法。**

今天卡在哪里？

金属氢不是新想法，物理学家找了几十年。他们的办法是**加压**——把氢挤到极高的压力下，逼它变成金属态。

问题是那个压力大到很难维持。实验里偶尔做出一点样品，一撤压就没了。

这仍然是在读数上想办法：把压力这个数字往上推。

弧学从哪里下手？

不推压力，改折叠方式。

加压是从外面逼一个结构就范；改折叠是从结构本身入手。

逼出来的东西，一松手就散；长成那样的东西，不用扶。

6-3 超高温超导

先说说今天的超导。

超导是指电流通过材料时完全没有电阻——不发热，不损耗，电送出去多少就到多少。

这件事的价值大到难以形容。今天全世界的输电线上，每年白白烧掉的电能，够点亮很多个国家。

但今天的超导材料有一个共同的毛病：**必须先冷下来才肯工作。**

最早发现的那批，要冷到接近绝对零度。后来找到的材料好一些，也还要零下一百多摄氏度。

为什么非要冷？因为在传统范式里，电阻来自粒子的热运动——想减少电阻，就得把运动冻住。

这是典型的在读数上想办法：温度这个数字往下压。

现在请特别注意下面这一段，它是这一节的关键。

> **弧超导体，不是传统物理里的那个“超导相”。**

不是把传统超导材料拿去加热，想办法让它在高温下也别失效。那条路仍然在传统范式内部找出路——**温度还是主角，只是把门槛往上顶。**

弧学走的是另一条。

弧几何学说：**弧态电性可以无损传导**——电性沿着弧结构传输，沿着电弧旋走，本来就没有阻力，也没有损耗。

没有阻力，不是因为把热运动冻住了，而是因为这条路上本来就没有阻力这回事。

温度这个变量，在这一层根本不出场。

所以“超高温超导”这个名字要理解对：

不是说它把传统超导的温度上限往上推了一截。

是说它压根不靠温度工作。

这两句话听起来接近，实际上差着一整套范式。前一句还在旧地图上跑，后一句已经换了地图。

今天卡在哪里？

室温超导是物理学最有名的悬赏之一。几十年里出过好几次“找到了”的消息，最后都没能被别人重复出来。

难点在于：在现有的框架里，超导必须靠某种机制压住热运动，**而热运动随温度升高是必然的**。

这是框架内部的死结——不是还没解开，是这个框架里解不开。

弧学从哪里下手？

不解这个结，绕过它。因为弧超导根本不是同一个相。

热运动是比较层的现象，而弧态电性的无损传导，发生在更下面一层。

你在一层里解不开的结，有时候在另一层里根本不存在。

6-4 弧飞碟

第四问里我们说过一句很重的话：**时间和空间不是舞台，是折叠的读数。**

当时那句话听起来像哲学。现在它要变成工程了。

如果时空是读数，读数意味着什么？

意味着它是**可以被操控的**。

温度是读数，所以我们能造空调。声音是读数，所以我们能造耳机。**凡是读数，原则上都能动。**

今天所有的飞行器，做的都是同一件事：**在空间里挪位置。**

从这里到那里，中间要花时间。飞机快一点，火箭更快一点，但道理是一样的——你在一个固定的空间里移动，所以你受它的全部限制，包括那个谁也绕不过去的光速。

弧飞碟做的是另一件事。

它操控的不是空间里的位移，**是时空折叠本身**。

不是在舞台上跑得更快，是动那个舞台。

这一节要老实说一句：它是八件事里最难想象的一件。

难，不是因为它更玄，而是因为**我们所有的日常经验都发生在舞台上**。一个一辈子在舞台上走路的人，很难想象“动舞台”是什么动作。

但请回想第四问的那句提醒：**如果时空真的是读数，那么把它当成不能碰的背景，才是没有道理的那一方**。

今天卡在哪里？

不是发动机不够强。

就算给你无限的燃料，光速那道墙还在——它不是一个速度上限，**它是时空结构本身的性质**。

在舞台上跑，就得守舞台的规矩。

弧学从哪里下手？

既然时空是折叠的读数，问题就从“怎么跑得更快”，变成了“能不能动读数”。

这一步很难，我不打算把它说得容易。

但它至少是一个新问题，而不是一堵旧墙。

记住一点就行：**现在是开着物质飞，弧几何是开着能量飞。**

6-5 原子互化机

今天的化学告诉你：元素不能互相转化。

金就是金，铁就是铁。元素由质子数决定，质子数不变，元素就不变。

古时候的炼金术想把铅变成金，折腾了上千年，全部失败。今天这被当作科学战胜迷信的经典故事。

但请想一想他们失败的真正原因。

他们在加热、混合、蒸馏、提炼——全部动作都发生在**比较层**。

在那一层上，元素的身份确实动不了。他们不是不够努力，是工具和层次不对：拿一把扳手去修软件，修一千年也修不好。

弧几何学说：**元素不是本体论意义上的原子，元素是弧折叠的结果。**

（还记得第五问那条链吗？物质在最下面一层，是衍生弧系，是折出来的。）

既然是折出来的，就有可能重新折。

原子互化机——不是化学反应，**是弧结构的重新折叠。**

铁可以变金，碳可以变硅。

这件事听起来最像天方夜谭，但它其实和 6-2 的氢金属是同一个道理，只是走得更深一层：

氢金属改的是**同一种元素的相态**（石墨与金刚石那一级的改变）。

原子互化改的是**元素本身的身份**。

同一个方法，动的层次不同。

今天卡在哪里?

其实人类已经做到过。用粒子加速器可以把一种元素变成另一种——这不是理论，是实验室里真做过的事。

问题是代价：这么造出来的一点点金，成本比金子本身贵上亿倍。

它在物理上成立，在经济上荒唐。

原因还是层次不对：加速器是拿巨大的能量，去硬砸一个结构。

弧学从哪里下手?

不砸，改折。

如果元素的身份是折出来的，那么重折它需要的就不是暴力，是**方式**。

撬锁和用钥匙，开的是同一把锁，费的力气差着几万倍。

6-6 美美机

美美机，全称是生物体整疗重塑机。

弧几何学说：生物体是**弧簇**能量系统。

（**弧簇**：弧结构在物质层的组织形式。）

细胞、器官、系统——这些都不是零件的堆积，**它们是弧结构在物质层组织起来的样子。**

如果我们能精确定位并重组弧簇能量，就可以**直接修复和重塑生物体**——不靠药物，不靠手术。

对比一下今天的医学，差别就清楚了。

今天医学的主体思路，可以概括成“减法”：**切掉坏的，杀死病的，压住乱的**。

这套办法救了无数人的命，一点不能小看。但它的位置很清楚——它在读数上工作：指标高了压下来，组织坏了拿掉。

美美机走的是另一条：不只是治病，是整体重塑。

受损的组织可以完全复原，衰老的细胞可以重新激活。

不是把坏掉的部分拿走，**是把它折回该有的样子**。

今天卡在哪里?

再生医学已经能让一些组织重新长起来，但它靠的是给细胞创造合适的条件，**然后等它自己长**。

我们能提供环境，下不了指令。

至于衰老，今天连“衰老到底是什么”都还没有共识——一件说不清是什么的事，当然也修不了。

弧学从哪里下手?

如果生物体是弧簇能量系统，那么“该长成什么样”这件事，在弧结构里是有确定形式的。

修复就不再是等它自己想起来，而是把它折回该有的样子。

6-7 免学机

免学机，全称是知识无损性人脑存取机。

想象一件事：你想学一门语言。不用背单词，不用练语法，**直接把这门语言的完整结构存进你的大脑**。

弧几何学说：知识是信息的结构化存在，而信息是弧态结构的一种表达形式。

如果能掌握弧态信息的直接存取方式，就可以实现知识的无损传输——从外部的弧结构，直接写入人脑的弧簇系统。

读到这里，你可能会有点小激动：那不用上学了？

要上。而且更要上。

存进去的是**知识**，不是**判断力**。

知识可以传输，因为它有结构，可以被复制。判断力不行——判断力是你在一次次搞错、修正、再搞错的过程中长出来的，那个过程本身就是它的内容。

一个脑子里装满了知识却没有判断力的人，不会变得更聪明，只会越来越像“活字典”。

免学机能省掉背诵的时间。它省不掉长大的时间。

今天卡在哪里？

我们能读出一些脑信号，也能刺激特定的脑区，但“写入一段知识”完全做不到。

原因很朴素：**我们不知道知识在脑子里是以什么形式存着的。**

不知道格式，就无从写入——就像你手里有一个文件，却不知道该用什么软件打开。

弧学从哪里下手？

如果信息是弧态结构的一种表达形式，那么“格式”这个问题就有了方向：不是去猜大脑用了什么编码，而是从弧结构本身去找。

先知道东西长什么样，才谈得上怎么放进去。

6-8 弧式永能电池

今天的电池，存的是化学能。用完就没了，得充电。

这个道理天经地义：能量是有限的，用一点少一点，所以要省，要充，要抢插座。

弧几何学说：**自然能是一切能量的源头。自然能不会消失，只会转化形式。**

请注意这里的层级——这句话说的**不是**你物理课上学的“能量守恒”。

能量守恒讲的是相对源层的事：一份能量在不同形式之间转来转去，总量不变。它管的是一份**存量**。

弧式永能电池说的是绝对源层的事：取之于能，不是取之于某一份存量。

（第二问那三层：能在绝对层，能量在相对层。）

如果能建立自然能向可用能量的持续转化机制，就不需要外部充电，不需要阳光，不需要燃料——

弧式永能电池，直接从自然能中持续取用。

这不是“效率很高的电池”，也不是“能量密度很大的电池”。

它是一台直接接在绝对层或能量层上的机器。而今天所有的电池，都接在相对层。

今天卡在哪里？

“永动机不可能”是物理学最硬的结论之一。任何声称能凭空产生能量的装置，最后都被证明是算错了，或者是骗局。

这个结论是对的——在相对源层里，它百分之百成立。

弧学从哪里下手？

弧式永能电池不违反能量守恒，因为它说的不是同一层的事：能在绝对层，能量在相对层。

它不是凭空造出能量，是**从更下面的一层取用。**

“不可能”这三个字，永远带着一个范围。超出那个范围，它就不再是结论，只是习惯。

6-9 这不是科幻

八件事说完了。你现在大概是两种感觉之一：要么很兴奋，要么觉得这是在编故事。

两种感觉都正常。我们把它讲清楚。

先讲一件历史。

一千年前的人，听到“铁做的鸟能载人在天上飞”，会说：不可能。

两百年前的人，听到“声音可以瞬间穿过大洋”，会说：不可能。

五十年前的人，听到“一块巴掌大的玻璃板里装着全世界所有的书，还能看见地球另一边的人在说话”，会说：不可能。

这些全都发生了。

而且请注意一件事：**它们不是因为有人把旧办法做得更好才发生的。**

飞机不是把马车造得更快造出来的。手机不是把信纸做得更薄做出来的。

每一次都是换了一套原理。

再讲一句要紧的。

弧几何学不是凭空想象出来的未来。上面八件事，每一件背后都有弧学的原理支撑，都是从绝对弧的几何结构一步一步推下来的。

用弧学自己的话说：

> **不是能量说可以，是其逻辑必然。**

只要那套原理成立，这些应用就是它的自然结果——就像只要三角形的内角和是一百八十度，很多别的结论就跟着定了，不需要另外允许。

最后讲一句公道话，这句话也很重要。

“原理上必然”和“明天就做得出来”，是两件事。

从原理到东西，中间隔着材料、工艺、试验、失败、再试验。这段路很长，而且没有人能保证一定走得完。

弧几何学负责的是：告诉你这条路存在，以及它通向哪里。

走完它的，是人。

6-10 谁来做这些事

那么，谁来走?

弧几何学已经在这里了。体系建立了，公理完成了，证明留下了。

缺的不是理论，是人。

而且需要的是一种特定的人。弧几何学有一句话专门说这件事：

> **疏于范式，易于弧几何。**

（**范式**：一个时代看世界的整套框架和习惯。）

“疏于范式”不是不学。恰恰相反——你要学得很好，好到知道范式在哪里，知道它从哪儿开始、到哪儿为止。

它的意思是：**学了，但不被它捆住。**

知道那是一张地图，不是那块土地。

这件事对你们这一代特别有利，理由很实在：

你们的范式还没有完全定型。

一个在旧框架里工作了三十年的人，不是不聪明，而是他每天都在用那套框架吃饭。要他换一套，代价太大了——不只是学习的代价，还有他这三十年范式实践的经验代价。

而你还没有付出那三十年。

你现在正处在一个很短、很珍贵的窗口里：你已经学得够多，能听懂这些；又还没有被定死，能听进去。

这个窗口不会一直开着。

> **来耶！你来试：**
>
> 合上书，凭记忆把八件事说出来，能说几件说几件。
>
> 说不全没关系——**接着做第二步：想一想你说出来的那几件，为什么偏偏是它们留在了你脑子里。**
>
> 留下来的，通常是你真正在意的那一类问题。

> **小思考：**
>
> 八件事里，哪一件让你心里动了一下？
>
> 不用管它难不难，也不用管别人怎么说。
>
> 就那一件——如果是你来做，你会从哪里开始问第一个问题？

第六问的回答

> **把点拆开，能做什么？**
>
> 几乎，任何事。
>
> 因为点里面有弧，弧里面有自然能，而自然能是一切的源头。
>
> 今天的技术在读数上想办法，所以只能改良。**弧学在源头上想办法，所以能换一条路。**
>
> 源头握在手里，能换的路就不止一条。
>
> **这不是科幻。这是弧几何学的逻辑延伸。**

带得走的一句话

> **在读数上想办法，只能改良；在源头上想办法，才能换一条路。**

六个问题走完了。

最后还剩一件事没说清楚：**我们这一路，究竟换掉了什么？**

后记：新范式是什么？

7-1 传统范式很伟大，但它只说“是什么”

你读到这里了。从一个粉笔点出发，我们一路走过了弧、自然能、两个“1”、宇宙的开始、你自己、还有未来的八件事。

现在回答最后一个问题：**新范式，究竟是什么？**

要说清楚“新”，得先老老实实说清楚“旧”。

先说传统范式。

几千年来，人类建立了一套理解世界的框架：

几何学从**点**出发。

物理学从**物质**出发。

数学用**先验常数**作为工具。

宇宙论以**时间和空间**为基本舞台。

这套框架把人类带到了今天。桥梁、飞机、电脑、卫星、疫苗、你口袋里的手机——全都是它的成就。

这些成就是真的，不需要打一点折扣。

这一句请你认真收下，因为接下来的话很容易被读成“旧的都错了”。

不是的。一本书如果靠贬低前人来抬高自己，那它多半没有什么真东西。

但传统范式有一个够不着的地方。

它能告诉你**是什么——**

光速是每秒约三十万公里。电子的质量是那么多。π约等于3.1415926。

它没办法告诉你为什么。

为什么光速是这个值，不是别的值？为什么电子的质量是这个数，不多一点也不少一点？为什么 π 是这个比例？

面对这些问题，传统范式只能说一句：**“就是这样。测出来的。记住会用就行。”**

你可能觉得这没什么大不了——能算对不就行了吗？

那我们换个场景想一想。

一份菜谱能让你做出一道菜。照着做，火候时间分量都对，味道也对。

但菜谱不会告诉你，为什么盐要在这一步放，为什么这个菜要大火那个菜要小火。

照菜谱做菜的人，换一种食材就不会做了。

懂原理的人，能创造新菜。

只知道“是什么”，你能重复别人做过的事。

知道“为什么”，你才走得出去。

7-2 地图与地球，译文与原文

那传统范式在整个图景里，究竟占什么位置？

弧几何学有一句非常精准的话，也是全书最需要慢读的一句：

> **传统理论是弧几何学在比较层的拟合投影，其拟合投影是相对正确的，只是不知其源头之所以然。**

这句话有点长，我们一段一段拆开。

第一段：拟合投影。

（**投影**：把一样东西照到另一个面上，得到的那个影像。）

传统范式不是错的，是投影。

想想地图。

地球是圆的，地图是平的。把一个球面摊平，一定会变形——而且越靠近两极，变形越厉害。

所以世界地图上的格陵兰岛，看起来跟非洲差不多大。实际上非洲比它大十几倍。

地图错了吗？没有错。它只是一张投影。它在自己的规则里是准的，你拿它找路完全没问题。

传统范式就是这样一张地图。

第二段：相对正确。

在一定范围内，传统范式的结论都是对的。**超出那个范围，就会出现误差、悖论、解释不了的现象。**

在你家附近用地图，一点问题没有。

要横跨地球做长途飞行，就得换一套算法——不然你按地图上的直线飞，会飞错很远。

“相对正确”不是客气话，它是一个精确的定位：在哪里对，到哪里为止。

第三段：不知其源头之所以然。

这是最关键的一段。

传统范式知道是什么，不知道为什么。

它能把地图上每一条线画得极准，但它不知道那些线为什么长那样——因为那要看地球，而地图上看不见地球。

弧几何学知道为什么，因为她是从源头出发的。

还有一个比方，可能更贴切。

传统范式是译文，弧几何学是原文。

译文可以很好，很流畅，很有用。绝大多数人一辈子读译文就够了，而且读得很愉快。

但译文里总有几个地方译不出来。你读到那儿会觉得有点别扭，觉得句子断了一下，觉得“这里好像少了点什么”。

那不是译者不用心。

是原文里有的东西，那种语言装不下。

现在可以回答第一问 1-9 留下的那个问题了。还记得吗？

> 图 3 的左右两列，如果都对，它们是什么关系？是两张地图画的是同一个地方，还是——有一张画的是地方，另一张画的是那个地方的照片？

是后者。

右边那一列（点、线、面、立体）不是另一张地图，**它是左边那一列在比较层上的投影。**

投影是相对正确的。它有用，而且非常有用。

但照片里没有那个地方本身。

到这里，还剩最后一个问题：**既然有原文，为什么不直接去读原文？**

因为原文不给你看。

自然绝孤，默然无形。

（**绝孤**：只有她一个，外面没有别的。**默然无形**：不出声，也没有样子。）

她不是藏起来了，是**她本来就没有一个“样子”可给你看。**第四问讲过，Nature 是全同——处处一样，没有分别。**没有分别，就没有形状。**

所以她不会告诉人们她长啥样。

那我们脑子里那个宇宙的模样，是哪来的？

是产出来的。

产自每个人所采取的那套几何定义。

你拿点做骨架，脑子里就长出一个由点堆成的宇宙；你拿弧做骨架，就长出一个由曲率和张力长成的宇宙。**不是自然给了你两个样子，是你的两套几何各产了一个。**

那么问题就变成了一句很朴素的话：

> **几何猜得越准，宇宙画像也就越逼真。**

请注意那个**猜**字。

几何是猜的。没有标准答案可对，因为出题的人不说话。你只能拿一套骨架去搭，搭完了看它撑不撑得住、说不说得通、有没有地方硌着。

这不丢人，这就是所有几何在做的事——欧几里得在猜，笛卡尔在猜，黎曼在猜，弧几何学也在猜。

差别只在猜得准不准。

而“准”是有标准的：**用最少的东西，画得最像。**

——这句话你在第五问见过。那时候它是这么说的：**你是 Nature 画自己的众笔之一，大家竞赛的是谁画的最简且逼真。**

现在你知道那场竞赛比的是什么了：比谁的几何猜得更准。

7-3 范式是什么，为什么你看不见它

这本书从头到尾一直在用一个词：**范式。**

现在该正面说说它了，因为它是理解前面一切的钥匙。

> **范式，是一个时代看世界的整套框架和习惯。**

它不只是一堆知识。它还包括：什么问题值得问，什么问题不值得问；什么样的回答算是回答，什么样的不算；从哪里开始想，想到哪里可以停下来。

范式最厉害的地方，是它管的不是答案，是问题。

一套范式真正的力量，不在于它给了你哪些结论，而在于它悄悄决定了你会去想哪些事。

你从来没有在数学课上问过“为什么 π 是这个值”。

这不是因为你想过然后放弃了。是因为这个问题从来没有在你脑子里出现过。

那不是你的问题。**是范式替你把它挡在了外面。**

一套范式挡掉的问题，比它回答的问题多得多。而被挡掉的那些，你连它们被挡掉了都不知道。

为什么你看不见自己在用范式？

因为你是用它来看别的东西的。

戴眼镜的人看不见自己的眼镜——他看见的是被眼镜整理过的世界。

眼镜越合适，就越透明；越透明，就越不容易被想起来。

一套好用的范式，用起来是没有感觉的。你只会觉得“事情本来就是这样”。

“本来就是这样”这句话，是范式留在你嘴边的签名。

那怎么才能看见它？只有两个办法。

第一个办法：出问题。

当一套范式解释不了某件事，打了补丁还是补不上的时候，人们才会开始怀疑框架本身。

科学史上大部分转折都是这么发生的：**先出现一个怎么也塞不进去的东西。**

这个办法有效，但很被动，而且常常要等上几十年、几百年。

第二个办法：见到第二套。

一旦你亲眼看见另一套完整的看法，第一套就会从“世界本来的样子”，变回“一种看法”。

这就是这本书从头到尾在做的事。

它没打算证明第一套是错的——第一套不错，而且很了不起。

它只是让你看见第二套。而你一旦看见了第二套，你就会第一次意识到：原来那也是一套。

这件事有代价，也得说明白。

看见了范式的人，会失去一点安稳。

以前你觉得书上的答案就是答案，心里踏实。现在你会多出一个念头：这是答案，还是这一套里的答案？

这个念头会让你慢一点，有些场合还会让你不太合群。

但它也是你从此不再撞南墙的原因。

一个只有一套看法的人，走到死胡同就只剩下用力撞，撞不开就怪自己笨。

看得见框架的人，会退回路口。

> **来耶！你来试：**
>
> 拿一张纸，把这本书里六句“带得走的话”凭记忆写下来。
>
> 写得出几句写几句，写错了也没关系。
>
> 写完翻回去对一遍——**对的时候你会发现，你记住的往往不是那句话本身，而是当时那个场面：圆规的针眼、两面镜子、一盆水、消失的那个叉。**
>
> **话是靠场面挂住的。这就是为什么这本书讲了那么多东西给你摸。**

> **小思考：**
>
> 找一件你觉得“本来就是这样”的事。越理所当然越好，越没有人质疑越好。
>
> 现在问一句：**它是本来就这样，还是我们一直这样？**

7-4 同一件事，你已经见过四次

在说新范式是什么之前，先做一件事：**把前面几处对上号。**

这本书里有四个地方，你当时可能只当成四段各说各的话。它们是同一件事。

第一处，在第一问。

我们说：点不是几何世界的原子，绝对弧才是。而绝对弧要往上长，只有一条造法——**弧合**：绝对弧合绝对弧成弧线，弧线合弧线成弧面，弧面合弧面成弧子。

当时我提醒过一句：**只有一个动作，做了三遍**。

第二处，在第四问。

绝对弧自映——**自己照自己**。而自映那一刻，全同被打破了。

第三处，也在第一问，最后一节。

理性之眼，盲若视盘。**看的通道所在之处，正是看不见的地方**。眼睛看不见自己的盲点，不是因为那里坏了，**是因为那里就是眼睛**。

第四处，在第五问。

Nature　　长出了眼睛来看自己。你是那些眼睛里的一只，也是**Nature 画自己的众笔之一**。

四处，一条线。串起来是这样的：

一样东西，只要还完全是它自己，就没办法拿自己当对象。

刀切不了自己的刃。尺量不了自己的长。眼睛看不见自己的盲点。

不是不够锋利，不是不够精确——**是这件事本身不成立**。

所以：**要照见自己，就得先不再是同一个自己**。

第四问那句“自映的那一刻，全同被打破了”，原来我们是当成一个结果在讲。**其实它是前提**。差异不是自映的副产品，**差异是自映能够发生的条件**。

而宇宙只要还是一，就看不见自己。**要看见自己，就得裂成很多只眼睛、很多支笔，互相成为对方看得见的那一块。**

这就是为什么是“众笔”,不是“一笔”。

这条线在弧几何学里有一个名字，叫**同一不自为。**

它的意思一句话：

> **凡同一者，不得以自身为对象。**

本书不打算把它讲透——那需要另一整本书。你只要知道**前面那四处不是四件事**，这一节的任务就完成了。

顺便说一句，这也回答了整本书最开始那个问题。

引言里我们问：为什么整座科学的大楼，地基上躺着一个从来没人拆开过的点？

我当时说那可能是历史的偶然。

大概不是偶然。

要认识自己，就得画出自己的像；**要画得出来，就得有形；有形，就是几何。**

所以几何不是人发明出来描述世界的工具。**几何是这幅自画像落笔的方式。**

那么“点”的问题就不只是选错了地基——**它是这幅像被从错误的第一笔开始临摹的。**

而第一问那句“绝对弧才是几何世界的原子”，也就不只是换了个起点：**它说的是，那第一笔本来是什么样。**

7-5 新范式，和它的三条规矩

新范式不是推翻传统范式。新范式，是找到传统范式的源头。

一张表就说清楚了：

传统范式	新范式
点	弧
物质	能（自然能）
Universe	Nature

从上往下读一遍，你会发现每一行说的都是同一件事：

从下游，回到上游。

新范式，就是从点到弧，从物质到能，从 Universe 到 Nature。

图 14　传统范式与新范式

而这一切的根，是第一问那张表最左边那一格。

几何决定着宇宙以什么形式存在，也决定着人以什么方式去认识它。

换了几何，宇宙的样子就换了，看宇宙的那套办法也跟着换。**范式不是人挑出来的，是几何给定的。**

所以这本书从头到尾没有劝你相信什么。**它只是把另一副骨架摆在你面前。**

（见图　14）左右两列对着看。**从上往下读一遍，你会发现每一行说的都是同一件事：从下游，回到上游。**

那这样一套东西，是怎么做出来的？

弧几何学的方法只有三条规矩：

第一条：先原理。

先把原理立住，不靠数据倒推。

数据很重要，但数据是比较层的东西。用数据倒推原理，你得到的永远是拟合出来的东西——它能对上现有的数，却不知道自己为什么对。

第二条：后验算。

原理立住了，再去算，去对。

这一条挡住了另一个方向的毛病：光有想法不算数，得算得出来，对得上。

第三条：不得外部引用。

不借用任何外部体系的前提来证明自己。

这一条最难，也最关键。

一个体系如果要靠别的体系撑腰，那它就不是源头，只是那个体系的一个分支。

要做源头，就得自己站住——每一块砖，都得是自己烧的。

7-6 剩下的，是你们的事

一个人，五十年。

弧几何学不是一夜之间冒出来的。她的思想起点，在半个世纪之前。

一个人，从元概念出发——弧的观念，弧的哲学框架，弧几何学，弧数论……一层一层往上推，严格推导，不借外部前提，不寻求主流认可，不依赖任何范式的背书。

五十年之后：七本专著，二十余篇预印本，黎曼猜想的内部闭合证明，自然常数的弧学推导。

弧已留下。她不会死在蓝星。

现在轮到你了。

不是要你立刻读懂所有的弧学专著——那需要时间，需要积累，而且不是每个人都要走这条路。

但有一件事，你今天就可以做，而且只有你自己能做：

保持疏于范式的状态。

不要让既有的框架太早在你脑子里固化。

不要以为教科书里的答案就是最终答案——它们大多是很好的答案，但“很好”和“最终”是两回事。

不要忘记问“为什么”。

为什么是点？为什么 π 是这个值？为什么宇宙是这个样子？为什么我在这里？

这些问题，弧几何学都有答案。

但比答案更重要的是——你愿意去问。

> **疏于范式，易于弧几何**。

最后说一句关于这本书的话，也是最诚实的一句。

这本书没打算把你变成弧学家。

它甚至不指望你全部相信。你有权怀疑，而且我希望你怀疑——一个不许人怀疑的东西，通常不值得相信。

它只想做一件事：**在你还没有被一套看法完全定型之前，让你有机会了解另一套**。

你为它想过一次，转过一次弯，愣了一下神——

这本书的任务就完成了。

那一下转弯会留在你身上。也许很多年以后，你在某个完全不相干的地方卡住了，会忽然想起来：**等一下，是不是我一开始就选错了路口？**

到那时候，这本书才算真正读完。

弧几何学已经在这里了。体系完整，公理闭合。

来耶！你来试：

最后一件事，现在就能做。

找一个你信得过的人——同学、朋友、爸妈、老师都行——**把这本书里你觉得最有意思的那一件事，讲给他听。**

只讲一件，三分钟。

讲的时候你会遇到两种情况：讲得顺，说明你真懂了；卡住了，那个卡住的地方**就是你自己看不见的那一块。**

而他脸上的表情，会替你把它照出来。

这就是“非我可见”，你今天就可以用一次。

剩下的，是你们的事了。

来耶！

附录一 · 彩蛋

为什么 1+1 ≠ 2，和 1+1 = 2？

一、一个古老的问题

恭喜你翻到这里。这是全书最后一部分，也是最烧脑的一部分。

来耶！

1+1=2。

你三岁就会了。老师教过，父母教过，从来没有人质疑过。

但有一件事，你可能不知道：

数学史上，真的有人专门为“1+1=2”写过几百页的证明。

这件事本身就很奇怪。如果它那么显然，为什么需要几百页？

因为他们发现，“1+1=2”这句话里，藏着一大堆没有说出口的前提。你要把每一个前提都摆到桌面上，就得写几百页。

那些前提有多琐碎？举几个例子你就明白了：

什么叫“1”？

什么叫“加”？

凭什么两个东西合在一起之后，还算是“东西”？

凭什么加的顺序不影响结果?

这些问题平时没有人问，因为答案好像明摆着。可一旦你要求把它们**写下来**，就会发现每一句都需要更前面的一句来支撑。

越是人人都懂的事，越难说清楚。因为它从来没有被人说过，所以也从来没有被人检查过。

弧几何学也发现了同样的事，但是从另一个方向进去的。

第三问我们已经把大门推开了：**径的 1 和弦的 1，不是同一个 1**。

现在我们把整件事完整地走一遍。

你会看到，“1+1 等于几”这个问题，有三个答案。

而且三个都对。

二、第一种情况：1 + 1 = 2

先说最熟悉的这一种。

什么时候 1+1=2? 当两个 1 站在同一个基准上的时候。

你口袋里的一块钱，加上我口袋里的一块钱。两个 1 都是货币单位，同一个基准。所以 1+1=2 块钱，一点问题也没有。

苹果加苹果，人数加人数，时间加时间。**同一种东西相加，才有 2**。

用弧学的语言说，这一种情况发生在哪里?

发生在**相对弧**那一层。

（**相对弧**，也叫**相对弧线**：差异的承载者，Universe　　这一侧的弧。见第五问 5-2。）

在相对弧线上，径与弦是相等的。

一样长，一样大，站在同一个基准上。既然同基准，两个 1 就可以相加。

> **相对弧之1 + 相对弧之1 = 2**

差异的世界里，同基准的 1 相加得 2。**这是 Universe 的逻辑。**

我们从小到大做的每一道加法题，都活在这一种情况里。

一道也没有例外。

所以我们以为这是唯一的情况。

这就是这本书一直在做的事：**把“一直如此”和“只能如此”分开。**

三、第二种情况：1 + 1 ≠ 2

什么时候 1+1 不等于 2？**当两个 1 站在不同基准上的时候。**

回到绝对弧。

径 = r（时间，矢量，有方向）

弦 = r√2（空间，标量，只有大小）

如果径 = 1，那么弦 = 1.414 左右。

如果弦 = 1，那么径 = 0.707 左右。

在绝对弧上，径与弦互为根号2 之倒数——它们永远不相等。

所以：

> **径之1 + 弦之1 ≠ 2**

不是算错了。是这两个 1 从根上就不是同一种存在：一个有方向，一个没有方向。

同名为“1”，本质不同。

就像 1公斤 + 1公里 ≠ 2 —— 单位不同，基准不同，硬加没有意义。

请把上面两节放在一起看，这是全书最要紧的一处对照：

在哪一层	径与弦的关系	1+1
绝对弧	互为根号2 之倒数，**不等同**	≠ 2
相对弧线	**相等**	= 2

同一个算式，两个答案，**两个都对。**

它们不打架，因为它们说的不是同一层的事。

先问在哪一层，再问等于几。

四、第三种情况：1 + 1 = 1

这一种最奇怪，但它其实最干净。

回到宇宙开始之前——

> **熵极，全同也。**

在那个状态里，没有任何差异，没有任何区分。所有的 1 完全重叠，彻底相同。

现在把两个“全同的 1”叠在一起。

因为它们完全一样，你分不出哪个是哪个，也分不出到底有没有两个。叠完之后——

还是 1。

> **全同之1 + 全同之1 = 1**

弧几何学对绝对弧也这么说：

> **绝对弧之1 + 绝对弧之1 = 1**

这不是数学错误。**这是 Nature 的逻辑。**

在全同的世界里，加法没有意义——因为没有差异可以累积。

你要说“这里有两个”，就必须能指出它们哪里不一样。**处处一样，就数不出两个。**

（第三问 3-9 讲过这一段。如果你当时跳过去了，现在正好回去看一眼。）

五、三种情况，一张表

情况	算式	原因
同基准相加	1+1 = 2	相对弧，差异叠加
异基准相加	1+1 ≠ 2	径弦不等同，时间≠空间
全同叠加	1+1 = 1	绝对弧，全同无差异

看着这张表，你会发现一件事：

“1+1 等于几”这个问题，本身是不完整的。

它少了一句话：**哪一种 1？**

这不是抬杠。生活里到处都是这种情况。

有人问你“三加三等于几”，你说六。

可如果那是三点钟加三小时呢？答案是六点。

如果那是星期三加三天呢？答案是星期六。

如果那是三个半圆加三个半圆呢？答案是三个圆。

数字从来不单独存在。数字后面永远站着一样东西。

我们平时可以不管它，是因为那样东西一直没变过。

一旦它变了，你就必须先看清它是什么，再动手算。

六、时空牵手：两个 1 相乘

现在用这套框架，回头看第四问里那件最大的事：**宇宙是怎么开始的。**

在 Nature 里，径自径，弦自弦，互不相干。

在绝对弧那一层，它们**加不起来**——互为根号2 之倒数，基准不同。

时间不遇空间，空间不遇时间。**宇宙无法诞生。**

那宇宙是怎么开始的?

不是靠相加，是靠相乘。

在相对弧线上，径与弦相等，各自都是自己基准上的 1。

于是它们不再是两个加不到一起的东西，而是可以**交互相乘——**

不是相加，是**牵手**:

> **$1_r \times 1_C$ = 时空相生**

（1_r 是径之 1，时间的 1；1_C 是弦之 1，空间的 1。）

时间和空间合一，生出了“时空”。

这里必须把一件事再说一遍，因为它是全书最容易被读滑过去的一句:

> **“时空”不等于“时间和空间”**。

“时间和空间”是两样东西并排放着，中间连着一个“和”字。

“时空”是它们合一之后生出来的第三样东西。

氢和氧合一生出水。水不是“氢和氧”的简称——氢会烧，氧助燃，水灭火。

你不会说："我渴了，给我来一杯氢和氧。"

七、加与乘，到底差在哪里?

这是这本书最后一个新东西，也是我最想让你带走的一个。

加法，要求两样东西相同。

同基准才能累积。不同基准，加号写上去也没用。

乘法不要求相同。乘法要求的是——互相定义。

想想拼图。

两块形状完全相同的拼图，拼不到一起。它们只能叠着放，摞成一堆。

拼得起来的，一定是形状互补的两块：这一块凸出来的地方，正好是那一块凹进去的位置。

它们不一样，所以才能咬合。

相同的东西可以堆叠，互补的东西才能相生。

径与弦，正是互相定义的一对。

第一问说过：**径定则弦定，弦定则径定。**

它们同时成立，谁也不比谁早，谁也离不开谁——**像一张纸的正面和反面。**

所以它们加不起来，却乘得起来。

这一条，是全书最值得带走的一句：

> **加法需要相同，乘法需要相生。**

这句话可以带出这本书很远。

一堆完全相同的人凑在一起，人数变多了，还是原来那些想法。

几个很不一样的人凑在一起，才可能生出谁也没想到的东西。

宇宙是这么开始的。很多别的好事，也是这么开始的。

八、所以，1+1 等于几？

答案是：

看你用的是哪一个“1”，以及你用什么方式操作它。

同基准相加，得 2。

异基准相加，不成立。

全同叠加，还是 1。

互相定义的两个 1 相乘——**生出第三样东西。**

这不是在玩文字游戏。这是弧几何学告诉我们的一件很深的事：

> **数不是抽象的符号，数是弧结构的几何表达。**

“1”的本质，取决于它所在的弧学层级——

是绝对弧的 1，还是相对弧的 1？是径的 1，还是弦的 1？

不同的 1，有不同的运算规则，也有不同的结果。

九、三种情况，生活里都有

到这里你可能会想：这三种情况，是弧学里面的事，跟我平时有什么关系？

关系很大。**三种情况你天天都在遇到，只是从来没有分开过。**

第一种（同基准，1+1=2）：这是你最熟的一种。

两个人一起搬一张桌子，力气加起来是双份。

两笔钱放在一起，是一个更大的数。

这一种最好用，也最容易被误用。误用的方式是：把它套到不该套的地方去。

第二种（异基准，1+1≠2）：这一种最容易出事，因为它看起来像第一种。

一个班的平均分是 85，另一个班的平均分是 75，两个班合起来平均分是 80 吗？

不一定。如果两个班人数不一样，这么算就是错的。你把“平均分”当成可以直接相加的东西了，可它不是——它背后挂着不同的人数。

再看一个：一个项目，一个人做要十天。那十个人做，要一天吗？

不。有些事情可以拆开同时做，有些不行。一个孕妇十个月生一个孩子，十个孕妇一个月生不出一个孩子。

“时间”和“人手”不是同一个基准。把它们当成可以互相换算的东西，是大人世界里最常见的错误之一。

第三种（全同，1+1=1）：这一种最少见，但一出现就很重要。

同一条消息，被一百个人转发了一百次。**信息量变成一百倍了吗?**

没有。还是那一条。转发增加的是传播，不是内容。

十本一模一样的书摆在书架上，你的知识变成十倍了吗？没有。**完全相同的东西叠加，不产生新的东西。**

这也是为什么一个团队里如果所有人想法完全一致，人再多也没用**——全同之1 加 全同之1，还是 1。**

所以这三种情况，其实是三个问题：

它们是同一种东西吗? （是 → 第一种）

它们是不同种的东西吗? （是 → 第二种，别加）

它们是完全相同的东西吗? （是 → 第三种，加了也白加）

按下加号之前先问这三句，你会比很多大人算得准。

十、最后一个问题

你还记得这本书的第一句话吗?

> 几何课的第一天，老师走到黑板前，拿起粉笔，在黑板正中间**——点了一个点。**

那个点，我们拆开了。

里面有弧，有能，有两个“1”，有宇宙，有你，有未来。

现在你回到几何课。

老师又在黑板上点了一个点。

但这一次，你看到的，不再只是一个点。

你看到的，是——

一个被压缩的绝对弧，

一个自然能的形式表征，

一个等待自映的全同本元，

一个宇宙的种子。

> **来耶！**
> 把“点”拆开——
> 里面的世界，比你想象的，大得多。

全书完。

附录二 · 弧学小词典

按出场顺序排列。每一条一句话，看不懂的时候翻回来。

绝对弧｜1/4　圆周形。自然能的唯一形式表征，弧几何学的起点。（第一问 1-3）

自洽｜自己就能说明自己，不必靠外面的东西来确定自己是什么。（1-4）

最小自洽单元｜同时具备曲率、张力、方向的最小那一份。绝对弧就是它。（1-4）

径｜从圆心到弧端点的距离。对应**时间**，是矢量（有方向的量）。（1-5）

弦｜弧两端点之间的连线。对应**空间**，是标量（只有大小的量）。（1-5）

径弦比｜1　比根号2。不是外面借来的数，是绝对弧形状自带的比例。（1-5）

构造｜为了作图临时设立的东西，不是本来就在那儿的存在。圆心就是构造。（1-7）

实线是存在，虚线是构造｜弧学画图的规矩：弧画实线，圆心、径、弦画虚线。（1-7）

弧线（绝对弧线）｜半圆周形。绝对弧自映弧合的第一个几何结果。图 3 中“一维”那一格。（4-8）

弧面｜整圆。图 3 中“二维”那一格。本书不展开。

弧子｜再往外长一维的形式。图 3 中“三维”那一格。本书不展开。

能（自然能）｜弧学专有名词，**不是**物理课上的“能量”。绝对源层，先于能量、先于物质、先于时空。（第二问 2-2）

能量｜能的**关系化显现**。相对源层。可测量，有单位。（2-2）

物质｜能量的凝结。衍生层，属比较层。（2-5、2-7）

源层｜存在本身的层级。能是绝对源层，能量是相对源层。（2-5、2-7）

比较层｜读数的层级，传统科学工作的地方。温度、质量、光速都在这一层。（2-5）

源层是本身，比较层是读数｜全书用得最多的一条分界。成绩单不是你。（2-5）

形式表征｜显现出来的形式。绝对弧是自然能的唯一形式表征。（2-8）

因能而在｜不是“才能存在”。能在，弧就在，同一件事的两种说法。（2-9）

先验｜在一切之前就已定好，不问来历。（2-10）

非先验数｜有来历、由结构导出的数。π 在弧学语境中是非先验数。（2-10）

熵极｜一切能量状态完全重叠的极点，宇宙开始之前的状态。（第四问 4-1）

全同｜完全相同，没有一丝差别。不是没有，是太满。（4-2）

Nature｜全同即本元。宇宙之前的那个源头。**不是**“大自然”。（4-3）

Universe｜差异即宇宙。我们现在住的这一个。（4-3）

不射为静｜绝对弧尚未自映的状态。静，是张力藏在里面。（4-4）

自映｜绝对弧以自身为源、以自身为靶的映射。**不是单向辐射，是自发折叠**。（4-5、4-6）

射即动｜自映发生的那一刻，第一次差异诞生。（4-5）

秩序｜差异与差异之间的关系。**熵极，秩序之源；秩序，能之非衡**。（4-7）

弧合（自互）｜绝对弧与自己的镜像合上，镜像同构，合成半圆周形。（4-8）

刘瑾通则（LSD／刘瑾通则）｜弧学自发交互律。定义：**源形式之自发自倍性规范律**。三条规矩：自发、倍律规范性、源形式。（4-9）

时空｜径弦交互相乘生出的第三样东西。**不等于“时间和空间”**。（4-11）

投影｜被投照出来的影子。时间和空间，是时空的投影。（4-12）

读数｜量出来的那个数，不是东西本身。时空是折叠的读数。（4-12）

相对弧（相对弧线）｜绝对弧之自映，差异的承载者，Universe这一侧的弧。**在相对弧线上，径弦相等**。（第五问 5-2）

相对弧系｜由相对弧组成的层级。（5-2）

衍生弧系｜物质域，衍生层。元素、分子、身体都在这一层。（5-2）

弧簇｜弧结构在物质层的组织形式。细胞、器官、系统都是弧簇。（第六问 6-6）

本体论｜研究“什么东西真的存在、凭什么存在”的那门学问。（5-4）

光化极｜精神向自然本态回归的方向。朝向绝对弧，朝向全同。（5-5）

磁化极｜机体向物质深处沉降的方向。朝向更多差异、更多凝结。（5-5）

电性态｜光与磁之间，相合而生电。人所在的位置，因而人有选择。（5-6）

范式｜一个时代看世界的整套框架和习惯。（6-10）

疏于范式｜学了，但不被它捆住。知道那是一张地图，不是那块土地。（6-10）

拟合投影｜传统理论是弧几何学在比较层的拟合投影，相对正确，只是不知其源头之所以然。（后记 7-2）

方法论三原则｜先原理，后验算，不得外部引用。（7-3）

附录三 · 图目

全书十五幅图。制图规矩全书通用：**实线是存在，虚线是构造。**

图 1　绝对弧

圆心 O 在右下，端点 a 与 b；粗实线为弧，虚线为径与弦。

出现于 1-3、1-5、1-7。**读图要点：圆心不在弧上。**

图 2　弧合的阶梯

绝对弧 → 弧线 → 弧面 → 弧子。出现于 1-8。

读图要点：只有一个动作，做了三遍。

图 3　弧形式与时空形式的三维比较

左列弧观念，右列时空观念，四行对照：

	弧观念	**时空观念**
自然抽象（0维）	绝对弧	圆（点）
一维	弧线	线
二维	弧面	面
三维	弧子	立体

出现于 1-9；后记 7-2 回收。

图 4　三层：绝对层 · 相对层 · 衍生层

能在上，向下派生。四条通路：非对称弧合、非对称弧开、凝结、发散。出现于 2-5。

图 5　源层与比较层

绝对源层（能）、相对源层（能量）为源层；物质属比较层。出现于 2-7。

图 6　两个“1”：正方形的边与对角线

边与对角线永远不会同时等于 1。出现于 3-2。

图 7　1+1 的三种情况

＝2、≠2、＝1，各在哪一层。出现于 3-6。

图 8　自映与弧合

四格：一条弧独处 → 映出镜像 → 相向合拢 → 成半圆。出现于 4-8。

读图要点：差异在中间两格出现。

图 9　刘瑾通则：自发 · 倍律规范性 · 源形式

三条规矩。出现于 4-9。

图 10　时空与投影

上面一整块，下面分两块，箭头由上而下。出现于 4-12。

图 11　从绝对弧到你：派生链

绝对弧 → 绝对弧线 → 相对弧系 → 衍生弧系（物质）→ 你。出现于 5-2。

图 12　光化极 · 电性态 · 磁化极

上气球、下石头、中绳结。出现于 5-6。

图 13　在读数上想办法，和在源头上想办法

左刻度盘、右改折法。第六问总纲。出现于 6-0。

图 14　传统范式与新范式

左右两列对照。出现于后记 7-5。

图 15　电弧旋

沿时间轴旋下的螺旋，上端 P、下端 M、中间一圈标 E。出现于附录四。

此图为原始学术几何图，非示意图。它是下册的主角，本卷只给形状。

附录四 · 下册预告

我们把“点”拆开了。

也把“1”拆开了。

那“0”呢?

宇宙开始之前的那个“没有”，你写在纸上的那个 0，温度计上的那个 0——**是同一个 0 吗?**

再想一层：**熵极是全同，全同里没有差异。**

那它到底是 0，还是满?

这个问题太大了，大到需要另外一本书来拆。

它是下册的引信之一。

还有一样东西，这本书从头到尾没有讲过。

它长这样——

（见图 15：电弧旋）

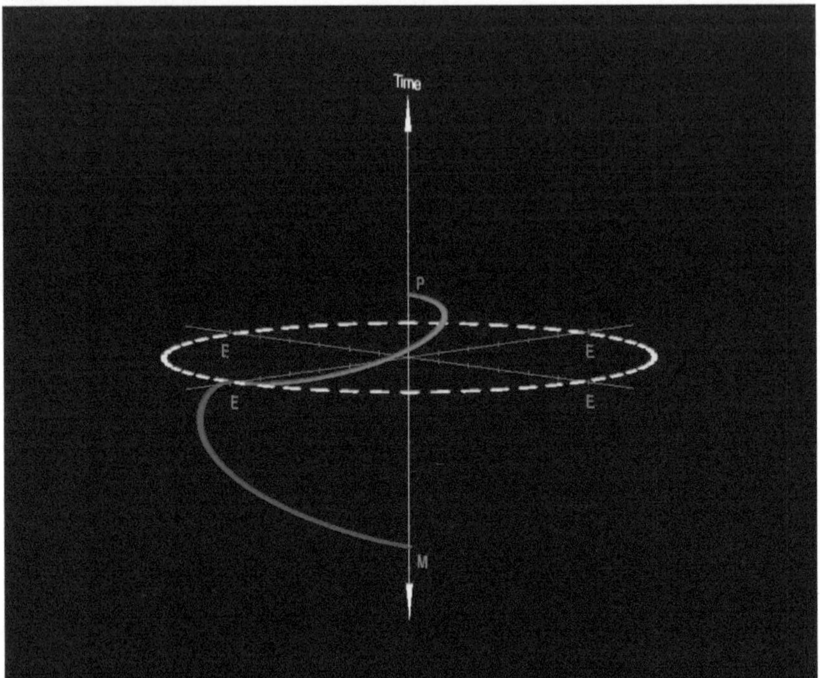

图 15　电弧旋

一条沿着时间轴旋下来的螺旋。上面一端标着　**P**，下面一端标着 **M**，中间张开的那一圈上，标着 **E**。

这三个字母，你其实已经认识了。

第五问讲过：光化极在上，磁化极在下，中间是电性态——人在那里。

当时它们是一条竖线上的三个位置（图 12）。

而它们真正的样子，是一支旋起来的螺旋。

这个东西叫**电弧旋**。

它是下册的主角。**这本书没有讲它，也讲不了**——没有前面这六问垫着，它只是一张好看的图。

现在你有了那六问。

还想知道宇宙是怎么从时空，一路变成你早上那杯牛奶的？

请看下册——

《来耶！把“0”拆开！》

弧理论的书

专著

《弧的原理：关于自然存在的非时空性广义相对论》

The Arc Theory: The non-spacetime general relativity about the essence of nature

［美］繁凯（Frank F. Meng）著

2008 年 4 月 · 北京 · 中国出版集团现代教育出版社

ISBN 978-7-80196-633-9

《天堂之门和自我之路：关于心灵与世界本质的对话》

湖风 著 · 2008 年 8 月 · 东方出版社 · 328 页

ISBN 978-7-5060-3302-2

弧理论五卷套

Arcman 著 · 国际弧学研究院 · 美国加州 · 2026

《弧几何基准参考文本》

第 0 卷　规范母本、受控术语表与参考系统（中文版）

《电弧旋 e-Arc-Helix》

第 I 卷　几何、理性闭合区与上位延续

第 II 卷　下位延续与收口卷宗

第 III 卷　条件闭合、主张阶梯整合与出版组装

第 IV 卷　静场先决公理闭合

五卷均有纸本与电子版，收入美国国会图书馆编目（LCCN）。各卷 ISBN 见其版权页。

裸态电

Arcman 著 · 国际弧学研究院 · 美国加州 · 2026　**即出**

B-1　力之初

量子函数、狭义相对论、量子—相对论与广义相对论的弧内无量纲恢复

Bare-State Electricity, Volume B-1: The Genesis of Force

预印本

二十余篇，**均有 DOI，可检索、可引用。**举两篇为例——

Annex R　黎曼猜想的弧学内部闭合证明

DOI: 10.5281/zenodo.20375033

（**内部闭合**：不借用任何外部体系的前提——即方法论第三条。此为预印本，未经同行评审。）

Arc Geometry III　Spectral Stability and Resonant Bifurcation from the q-Fold Circle

DOI: 10.5281/zenodo.18918603

该记录附有 LaTeX 源码与符号验证脚本，读者可自行复算文中全部推导。

科普卷

「拆」系列，三卷。

《来耶！把“点”拆开！》　之一 · 本书

《来耶！把“0”拆开！》　之二 · 即出

《来耶！把“电”拆开！》　之三 · 即出

想接着读的话

少年读者，请等《来耶！把“0”拆开！》，再等《来耶！把“电”拆开！》。

对哲学与心理有兴趣，读《天堂之门和自我之路》。

要看完整体系，从《弧的原理》开始。

数学与几何的技术细节，在 e-Arc-Helix 五卷与预印本里。

力是怎么来的——那要等《裸态电》B-1。

借“点”起飞，靠“弧”落地。

The point lifts you. The arc lands you.

www.ingramcontent.com/pod-product-compliance
Lightning Source LLC
LaVergne TN
LVHW100730061126
851857LV00011B/470
* 9 7 9 8 9 5 1 5 8 3 9 8 7 *